中等职业教育课程创新精品系列教材

传感器与检测技术

主　编　张吉沅　张玉莲

副主编　张吉河　王国明　李　颖

参　编　王旭华

U0234065

北京理工大学出版社

BEIJING INSTITUTE OF TECHNOLOGY PRESS

内 容 简 介

本书瞄准新时期传感器与检测技术系统性领域知识构建、素质提升和能力发展的现实需求，介绍传感器与检测技术的基础概念、基本原理、典型应用和技术发展。本书内容涵盖：识别与选用传感器、测量物体力学量、测量物体转速、测量液位高度、测量物体位移量、测量物体温度、测量气体浓度和湿度。本书采用"项目→任务→工作页"的编写模式，强化课程思政，体系结构合理，逻辑清晰，内容新颖，重点突出，工程性强，资源丰富。形式上追求贯穿学习过程的目标导向、问题牵引与"学思交融"深度学习模式；内容上注重经典知识与前沿技术的结合；目标上强调新工科背景下的工程实践应用与创新性思维。

本书体现了以学习者为中心、"学贵有疑"、突出工程教育、好学易用的写作定位。本书可作为中等职业学校电子信息技术、物联网技术应用、电子技术应用、工业机器人技术应用、电气自动化技术、软件与信息服务、通信系统工程安装与维护、液压与气动技术应用、电子电器应用与维修、工业产品质量检测技术等专业用书。由于教材中各项目—任务内容具有一定的独立性，所以其他有关专业如电子、信息技术、数控、机械、汽车、航空电子等也可根据需要选用不同项目—任务；本书也可供从事传感器与检测技术相关领域应用和设计开发的研究人员、工程技术人员参考。

图书在版编目（CIP）数据

传感器与检测技术／张吉沅，张玉莲主编 . --北京：
北京理工大学出版社，2021.11
　ISBN 978-7-5763-0617-0

　Ⅰ . ①传… Ⅱ . ①张… ②张… Ⅲ . ①传感器–检测
Ⅳ . ①TP212

中国版本图书馆 CIP 数据核字（2021）第 216836 号

出版发行／北京理工大学出版社有限责任公司
社　　址／北京市海淀区中关村南大街 5 号
邮　　编／100081
电　　话／（010）68914775（总编室）
　　　　　（010）82562903（教材售后服务热线）
　　　　　（010）68944723（其他图书服务热线）
网　　址／http://www.bitpress.com.cn
经　　销／全国各地新华书店
印　　刷／定州市新华印刷有限公司
开　　本／889 毫米×1194 毫米　1/16
印　　张／14.5　　　　　　　　　　　　　　责任编辑／陆世立
字　　数／291 千字　　　　　　　　　　　　文案编辑／陆世立
版　　次／2021 年 11 月第 1 版　2021 年 11 月第 1 次印刷　　责任校对／周瑞红
定　　价／41.00 元　　　　　　　　　　　　责任印制／边心超

前言

　　为贯彻《国务院关于加快发展现代职业教育的决定》精神，根据"以服务发展为宗旨，以促进就业为导向"的指导思想，本书编写组组织了有企业生产经验的专家与有丰富教学经验的教师联合编写了本教材。

　　在编写过程中，编者到多家企业调研了仪表、自动控制、机电类等岗位对中职学生的要求，听取了多所中职学校教师的意见和建议，降低了教材的难度；删除了不常用或过时的传感器的内容；压缩了公式推导过程（给出简要结论）和测量计算等内容；增加了新型传感器和检测技术介绍；突出了应用。在取材深度和广度方面，本书着眼于提高中职学生应用能力的培养，使学生学完本书后能获得作为生产第一线的管理、维护和运行技术人员所必须掌握的传感器、检测技术等方面的基本知识和基本技能，以适应技术进步和生产方式变革以及社会公共服务的需要，培养高素质技术技能人才。

　　本书的素材来源于最近几年国内外专利文献、国家或行业标准、科技论文、公司产品介绍等；采用了众多实物照片，并以文字标注，易于引起学生的学习兴趣。本书瞄准新时期传感器与检测技术系统领域知识构建、素质提升和能力发展的现实需求，介绍传感器与检测技术的基础概念、基本原理、典型应用和技术发展。

　　本书力图解决人才培养过程中存在的"重成才、轻成人"这一问题。在教学目标上，除原有的知识目标、技能目标外，增加素养目标，引导学生在学知识、习技能的同时，将个人理想与社会担当有机结合；在教材内容上，将具有时代感的正能量内容引入教材，放大思政工作的鲜活度。

　　本书采用工作页方式，工作页是现代职业教育中学生的主要学习材料，是帮助学生实现有效学习的重要工具。本书通过一系列的引导问题，指导学生在完整的工作过程中进行一体化学习；在培养专业能力的同时，获得工作过程知识，促进关键能力和综合素质的提高。工作页的作用是促进学生主动学习，学生必须主动去领会专业的知识和技能，包括工作页的使用，要求学生在工作页的引导下寻找答案，完成学习过程。工作页能促进学生利用好学习资源，包括工作页以外的参考书、工具等，使其配合工作页使用才能达到最好的效果。

全书以项目为引领，以任务为驱动，共分为 7 个项目，每个项目包含 2~3 个任务，分别对识别与选用传感器、测量物体力学量、测量物体转速、测量液位高度、测量物体位移量、测量物体温度、测量气体浓度和湿度等在测量中用到的各种传感器的原理及应用进行了阐述。本书每个项目均列出知识目标、技能目标、素养目标，以工作任务为中心，由教师带领学生完成具体任务，提高学生的职业技能和职业水平，力争做到学生易学，教师易教。因此，可按照以下教学学时分配表进行教学。

建议教学学时分配表

（各学校可根据专业与具体情况做适当调整）

项目顺序与名称	课时	项目顺序与名称	课时
项目 1　识别与选用传感器	4	项目 7　测量气体浓度和湿度	4
项目 2　测量物体力学量	4	理论课时	30
项目 3　测量物体转速	6	实验、实训	10
项目 4　测量液位高度	4	讨论课、习题课	4
项目 5　测量物体位移量	4	考试	2
项目 6　测量物体温度	4	合计	76

为贯彻国家关于"职业资格证书制度与国家就业制度紧密衔接"的政策，本书涵盖了部分仪表、仪器类有关国家职业（中级或高级）考证的要求，可作为有关职业培训的教材。

本书由张吉沅、张玉莲担任主编，张吉河、王国明、李颖担任副主编，王旭华参编，书中项目 1、2 由张玉莲编写，项目 3 由张吉河、王旭华编写，项目 4、5、6 由张吉沅编写，项目 7 由王国明、李颖共同编写，全书由张吉沅统稿。

本书在编写过程中，参考了许多专家的文献和资料，在此谨致诚挚的谢意。由于传感器技术发展较快，加之编者水平有限，书中不妥、疏漏之处在所难免，恳请各位专家、同行给予批评指正，也希望得到广大读者的意见和建议。

编　者

目录

识别与选用传感器

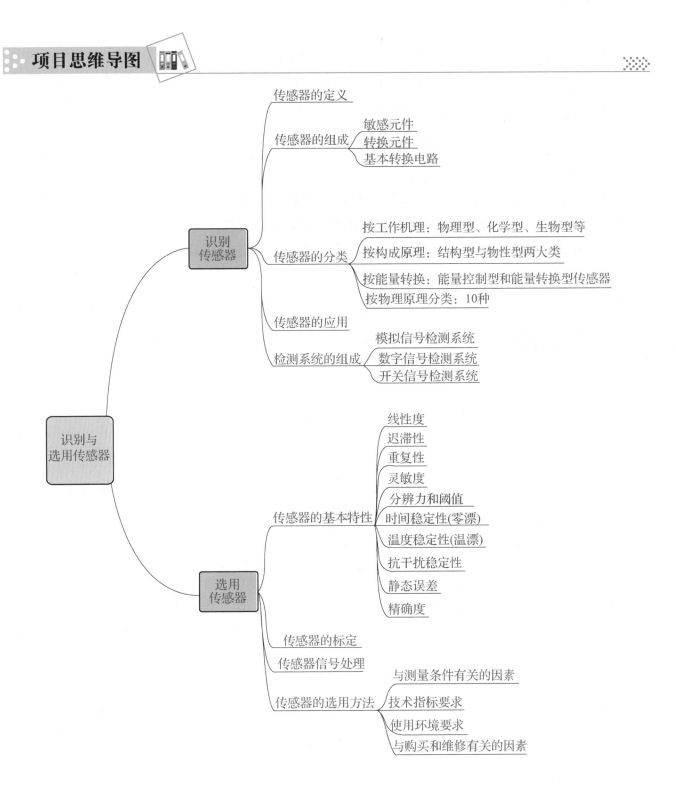

项目教学目标

【知识目标】

（1）掌握传感器的定义，了解传感器的作用与分类。

（2）掌握传感器的组成与应用，能够识别传感器类型。

（3）了解传感器的基本特性和标定，了解传感器的信号处理方式。

【技能目标】

（1）能复述并解释传感器的概念。

（2）能复述传感器的组成、传感器的基本功能和传感器的共性。

（3）能比较不同类别的传感器，掌握选择传感器的基本方法。

（4）能复述传感器技术的发展趋势。

（5）能结合生活生产实际举例说明传感器的应用。

【素养目标】

（1）培养学生严谨求实的科学态度和作风、创新求实精神。

（2）培养学生爱国情怀，热爱自己的祖国，要从身边做起，从现在做起。

（3）传播正能量，学好技术技能，为国家发展做贡献。

任务1.1 识别传感器

任务描述

在现代化城市中，高楼林立，中央空调无处不在，它能实现冬暖夏凉，让人们在舒适的环境中工作、学习，而中央空调中通风管道的清洁是至关重要的。但是通风管道构造狭窄，清理不方便，这样室内空气就会污浊，从而影响人们的身体健康。

现在，中央空调通风管道清洗机器人诞生了，它专门清洁及维护中央空调的通风管道，如图1-1所示。

中央空调通风管道清洗机器人是由坦克形状的小车、各种传感器、显示器、录像机、控制箱及操控杆组成。工作人员根据机器人感受到的外部信息用操控杆控制机器人前进、倒退和转弯，清扫通风管道。机器人之所以能感受到外界环境的各种信息，是因为机器人的各部位都安装了相应的传感器。

在日常生活中，我们对传感器并不陌生，如声控节能开关中的光敏电阻，电视机遥控系统的红外接收器等都是传感器。我们还会用到哪些传感器？它们分别起什么作用呢？本任务就是认识传感器，学会识别传感器，了解传感器在人们生活以及自动化生产中的作用。

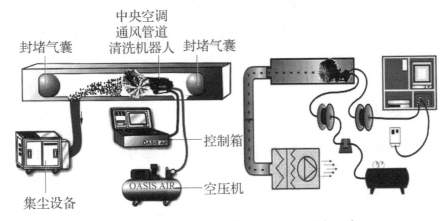

图 1-1 中央空调通风管道清洗机器人示意

知识链接

一、传感器的定义

广义上说，传感器是指能感知某一物理量、化学量、生物量等信息，并能按一定规律将其转换为可以加以利用的信息的装置。

狭义上说，传感器就是能感知被测量，并能按一定规律将其转换为电量的装置。

中华人民共和国国家标准（GB 7665—2005）对传感器的定义：能感受规定的被测量并按照一定的规律转换成可用信号的器件或装置，通常由敏感元件和转换元件组成。传感器是一种检测装置，是自动化系统和机器人技术中的关键部件，也是实现自动检测的首要环节，为自动控制提供控制依据。传感器在机械电子、测量、控制、计量等领域中受到广泛应用，传感器实物如图 1-2 所示。

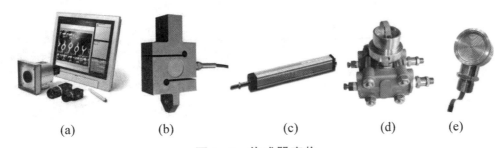

（a）　　　　（b）　　　　（c）　　　　（d）　　　（e）

图 1-2 传感器实物

（a）视觉传感器；（b）力传感器；（c）位移传感器；（d）流量传感器；（e）压力传感器

对传感器的定义需要明确以下 4 点。

①传感器是测量装置，能完成检测任务。

②输入量是某一被测量，如物理量、化学量、生物量等。

③输出量是某种物理量，便于传输、转换、处理、显示等，如气、光、电物理量等，主

要是电物理量。

④输出与输入有对应关系，且应有一定的精确程度。

传感器的名称可以是发送器、传送器、变送器、检测器、换能器、探测器等。传感器功用概括为一感二传，即感受被测信息，并传送出去。

二、传感器的组成

传感器一般由敏感元件、转换元件和基本转换电路 3 部分组成，如图 1-3 所示。

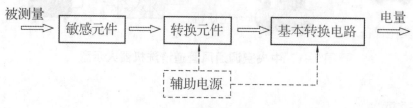

图 1-3　信息处理框架

1. 敏感元件

敏感元件是指直接感受被测量，并输出与被测量成确定关系的某一物理量的元件。如后续章节要介绍的对力敏感的电阻应变片、对光敏感的光敏电阻、对温度敏感的热敏电阻等，图 1-4 为弹性敏感元件。

2. 转换元件

敏感元件的输出就是转换元件的输入，把输入转换成电参量。在实际中，有些传感器很简单，有些则较复杂，大多数是开环系统，也有些是带反馈的闭环系统。最简单的传感器由一个敏感元件（兼转换元件）组成，当其感受被测量时直接输出电量，如热电偶，如图 1-5 所示。有些传感器的转换元件不止一个，其信号经过若干次转换才能输出合适的电参量。

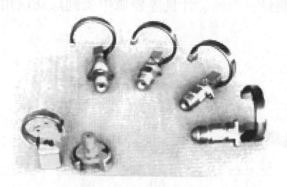

图 1-4　弹性敏感元件

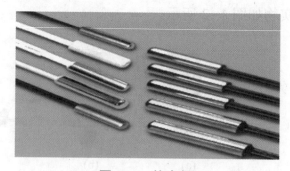

图 1-5　热电偶

3. 基本转换电路

转换元件的电参量接入基本转换电路（简称转换电路），便可转换成电量输出。如果转换元件的输出已经是电压、电流或电频率，则不需要转换电路。需要注意的是，不是所有的传感器均由以上 3 部分组成。最简单的传感器是由一个敏感元件（兼转换元件）组成的，它感受被测量时直接输出电量，如热电偶传感器。有些传感器由敏感元件和转换元件组成，而没有转换电路，如压电式加速度传感器，其中质量块是敏感元件，压电片（块）是转换元件。有些传感器的转换元件不止一个，需要经过若干次转换。另外，一般情况下，转换电路的后续电路，如信号放大、处理、显示等电路就不应包括在传感器的组成范围之内。

三、传感器的分类

根据某种原理设计的传感器可以同时检测多种物理量，而有时一种物理量又可以用不同传感器测量，传感器有很多种分类方法。目前，传感器的主要分类方法有根据传感器的工作机理分类、根据传感器的构成原理分类、根据传感器的能量转换分类、根据传感器的物理原理分类等。

①按工作机理分类：物理型、化学型、生物型等。

②按构成原理分类：结构型与物性型两大类。

③按能量转换分类：能量控制型和能量转换型传感器。

④按物理原理分类：有 10 种。

下面主要从后 3 种分类方法对传感器进行介绍。

1. 结构型传感器

结构型传感器是利用物理学中场的定律构成的，包括动力场的运动定律，电磁场的电磁定律等。物理学中场的定律一般是以方程式的形式给出的，这些方程式也是许多传感器在工作时的数学模型。

这类传感器的特点：传感器的工作原理是以传感器中元件相对位置变化引起场的变化为基础，而不是以材料特性变化为基础。弹性敏感元件传感器如图 1-6 所示。

2. 物性型传感器

物性型传感器是利用物质定律构成的，如虎克定律、欧姆定律等。物质定律是表示物质某种客观性质的法则。这种法则大多数以物质本身的常数形式给出。这些常数的大小，决定了传感器的主要性能。半导体气体传感器如图 1-7 所示。

物性型传感器的性能随材料的不同而不同。例如，光电管利用了物质法则中的外光电效应，其特性与涂覆在电极上的材料有着密切的关系。又如，所有半导体式传感器，所有利用各种环境变化而引起的金属、半导体、陶瓷、合金等性能变化的传感器，都属于物性型传感器。

图 1-6 弹性敏感元件传感器

图 1-7 半导体气体传感器

3. 能量控制型传感器

在信息变化过程中，能量控制型传感器将从被测对象获取信息能量用于调制或控制外部激励源，使外部激励源的部分能量载运信息从而形成输出信号。

图1-8 霍尔传感器

这类传感器必须由外部提供激励源，如电阻、电感、电容等电参量传感器都属于这一类传感器。

基于应变电阻效应、磁阻效应、热阻效应、外光电效应和霍尔效应等的传感器也属于此类传感器。霍尔传感器如图1-8所示。

4. 能量转换型传感器

能量转换型传感器，又称有源型或发生器型传感器。能量转换型传感器将从被测对象获取的信息能量直接转换成输出信号能量，主要由能量变换元件构成，不需要外电源。基于压电效应、热电效应、内光电效应等的传感器都属于此类传感器。

5. 按物理原理分类

按物理原理分类，传感器有以下10种形式。

①电参量式传感器：电阻式传感器、电感式传感器、电容式传感器等。

②磁电式传感器：磁电感应式传感器、霍尔传感器、磁栅式传感器等。

③压电式传感器：声波传感器、超声波传感器。

④光电式传感器：一般光电式传感器、光栅式传感器、激光式传感器、光电码盘式传感器、光导纤维式传感器、红外式传感器、摄像式传感器等。

⑤气电式传感器：电位器式传感器、应变式传感器。

⑥热电式传感器：热电偶传感器、热电阻传感器。

⑦波式传感器：超声波式传感器、微波式传感器等。

⑧射线式传感器：热辐射式传感器、γ射线式传感器。

⑨半导体式传感器：霍耳器件、热敏电阻。

⑩其他原理的传感器：差动变压器、振弦式传感器等。

有些传感器的工作原理具有两种以上原理的复合形式，如不少半导体式传感器，也可看成电参量式传感器。

除以上4种分类方法外，还可按用途分类，如位移、压力、振动、温度等传感器；按转换过程可逆与否分类，如单向和双向传感器；按输出信号分类，如模拟信号和数字信号传感器；按是否使用电源分类，如有源传感器和无源传感器。

四、传感器的应用

1. 在工业检测和自动控制系统中的应用

在石油、化工、电力、钢铁、机械等工业生产中，需要及时检测各种工艺参数的信息，实现对工作状态的监控，诊断生产设备的各种情况，使生产系统处于最佳状态，从而保证产品质量，提高效益。目前，工程机械产品中的传感器一般有 100 多个，传感器与微机、通信技术的结合，使工业检测实现了自动化。

2. 在家用电器中的应用

随着电子技术的兴起，家用电器正向自动化、智能化的方向发展。家用厨具、空调、冰箱、洗衣机、电子热水器、安全报警器、吸尘器、电熨斗、照相机及音像设备等都用到了传感器。例如，海尔家电最复杂的产品有几十个传感器，一台空调采用微型计算机控制配合传感器技术，可以实现压缩机的启动、停机、风扇摇头、风门调节、换气等，从而对温度、湿度和空气浊度进行控制。

3. 在汽车中的应用

随着生活水平的提高，汽车已走进千门万户。目前，传感器在汽车上不只限于测量行驶速度、行驶距离、发动机旋转速度以及燃料剩余量等参数，而在一些新设施中，如汽车安全气囊、防滑控制等系统，防盗、防抱死、排气循环、电子变速控制、电子燃料喷射等装簧以及汽车"黑匣子"等都安装了相应的传感器，汽车 ESP 构成示意如图 1-9 所示。

1—带有 ECU 液压调节器；2—轮速传感器；3—转角传感器；4—侧向加速度传感器和横摆角速度传感器；5—与发动机管理系统的通信。

图 1-9　汽车 ESP 构成示意图

4. 在现代医学领域的应用

医学传感器作为拾取生命体征信息的五官，其作用日益显著，并广泛应用。在图像处理、临床化学检验、生命体征参数监护等方面都广泛使用了传感器。医学传感器分为物理传感器、化学传感器、生物传感器。被测量生理参数均为低频或超低频信息，频率分布一般低于 300 Hz。

例如，先天性心脏病人手术前须用血压传感器测量心内压力，估计缺陷程度；在 ICU 病房，对危重病人的体温、脉搏、血压、呼吸、心电等进行连续监护的监护仪；用同步呼吸器抢救病人时，要检测病人的呼吸信号，以此来控制呼吸器的动作与人体呼吸同步。医用监护仪如图 1-10 所示。

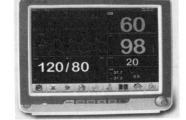

图 1-10　医用监护仪

5. 在环境监测方面的应用

人们工作、生活、娱乐等场所都需要一个安全的环境。家庭中对煤气泄漏的及时发现，公共场所对火灾初期情况的及时掌握，对人员疏散、最大限度减少生命及财产损失至关重要。近年来，环境污染问题日益严重，PM2.5 越来越受到人们的重视，为了保护环境，研制用以监测大气、水质及噪声污染的传感器，已被世界各国所重视。

6. 在航空航天中的应用

在航空航天领域，如飞行的速度、加速度、位置、姿态、温度、气压、磁场和振动等都需要测量。目前，单一产品传感器最多的是空客 A380 飞机，其每台发动机有 2 000 多个传感器，有 4 台同样的发动机，每架飞机上总共有超过 20 000 个传感器；用于陆军单兵作战的多功能电子设备，包括各类 MEMS 传感器，如夜视仪、红外瞄准器等。此外，传感器在雷达探测系统、水声目标定位系统、红外制导系统等都有广泛的应用。

7. 在智能建筑领域的应用

智能建筑是未来建筑的一种必然趋势，它涵盖自动化、信息化、生态化等多方面的内容。具有微型集成化、高精度、数字化特征的智能传感器将在智能建筑中占有重要位置。

例如，闭路监控系统、防盗报警系统、楼宇对讲系统、停车场管理系统、小区一卡通系统、巡更系统、考勤门禁系统、电子考场系统、智能门锁等。在家庭中还可以用各种传感器探测家中各种器具的工作状态和用户的位置等，并用预先设定的程序进行分析、判断；对各种信息分析出结果后，把结果用语音等反馈给用户，如煤气灶忘关报警、水池放水报警、钥匙忘带报警、出门忘带钱包提醒、水开报警、太阳能满水报警等。

五、检测系统的组成

检测系统的组成首先跟传感器输出的信号形式和仪器的功能有关，并由此决定检测系统的类型。

1. 模拟信号检测系统

模拟式传感器是目前应用最多的传感器，如电阻式传感器、电感式传感器、电容式传感器、压电式传感器、磁电式传感器及热电式传感器等均输出模拟信号，其输出是与被测物理量相对应的连续变化的电信号。模拟信号检测系统的基本组成如图 1-11 所示。

在图 1-11 中，振荡器用于调制传感器信号，并为解调提供参考信号；量程变换电路的作用是避免放大器饱和并满足不同测量范围的需要；解调器用于将已调制的信号恢复成原有形式；滤波器可将无用的干扰信号滤除，并取出代表被测物理量的有效信号；运算电路可对信号进行各种处理，以正确获得所需的物理量，也可在对信号进行模/数转换后，由数字计算机来实现。计算机对信号进行进一步处理后，可获得相应的信号去显示和控制执行机构，而在不需要执行机构的检测系统中，计算机则将有关信息送去显示或打印输出。

在具体的机电一体化产品的检测系统中，也可能没有图 1-11 中的某些部分或增加一些其他部分。例如，有些传感器可不进行调制与解调，而直接进行阻抗匹配、放大和滤波等。

2. 数字信号检测系统

数字式传感器可直接将被测量转换成数字信号，既可提高检测精度、分辨率及抗干扰能力，又易于信号的运算处理、存储和远距离传输。因此，尽管目前数字式传感器品种还不多，但却得到了越来越多的应用。最常见的数字式传感器有光栅、磁栅、容栅、感应同步器和光

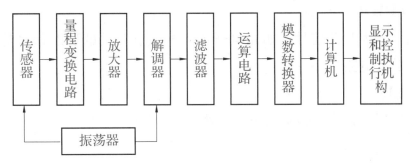

图 1-11　模拟信号检测系统的基本组成

电编码器等,主要用于几何位置、速度等的测量。

数字信号检测系统有绝对码数字信号检测系统和增量码数字信号检测系统。当传感器输出的编码与被测量一一对应时,称为绝对码。绝对码数字信号检测系统如图 1-12 所示。每一码道的状态由相应光电器件读出,经光电转换和放大整形后,得到与被测量相对应的编码。纠错电路纠正由于各个码道刻划误差而可能造成的粗大误差。采用循环码(格雷码)传感器时,须先转换为二进制码,再译码输出。

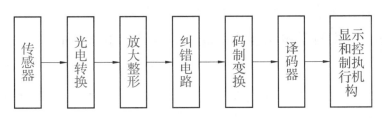

图 1-12　绝对码数字信号检测系统

当传感器输出增量码信号时,即信号变化的周期数与被测量成正比,其传感器为增量码数字信号传感器。增量码数字信号检测系统如图 1-13 所示。

在图 1-13 中,传感器的输出多数为正弦波信号,须经放大、整形后变成数字脉冲信号。在精度要求不高和无须辨向时,脉冲信号可直接送入计数器和计算机。但在多数情况下,为提高分辨率,常采用细分电路使传感器信号每变化 $1/n$ 个周期计一个数,其中 n 称为细分数;辨向电路用于辨别被测量的变化方向;当脉冲信号所对应的被测量不便读出和处理时,须进行脉冲当量变换。计算机可对信号进行复杂运算,并将结果直接显示或打印输出,或求取控制量去显示和控制执行机构。

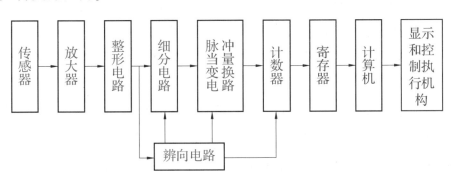

图 1-13　增量码数字信号检测系统

3. 开关信号检测系统

传感器的输出信号为开关信号，如光电开关和电触点开关的通断信号等。这类信号的测量电路实质为功率放大电路。

【科技蛟龙腾飞】

传感器的大量应用，让我们感受到测量无处不在。

①科学是从测量开始的。

②仪器是认识和改造物质世界的工具，仪器仪表是工业生产的"倍增器"，科学研究的"先行官"，军事上的"战斗机"，国民活动中的"物化法官"。

③中国科学技术要像蛟龙一样腾飞，这条蛟龙的头是信息技术，仪器仪表则是蛟龙的眼睛，要画龙点睛。

这些论断分别是谁提出来的？有何意义？

第一条是 19 世纪发现元素周期律的俄国著名化学家德米特里·伊万诺维奇·门捷列夫提出的；后两条是由我国著名光学仪器和测试技术科学家王大珩院士提出的。意义：阐明了测量技术和仪器在科学研究或社会生产生活实践中的地位和重要作用。我们要热爱我们的国家，热爱我们的专业，相信我们科学技术能像蛟龙一样腾飞，我国的仪器仪表也一定能成为这条蛟龙的眼睛。

任务1.2 选用传感器

任务描述

无论是机械电子产品（如数控机床），还是机电相互融合的高级产品（如机器人），都离不开传感器。若没有传感器对各种原始参数进行精确而可靠地检测，则信号转换、信息处理、正确显示、控制器的最佳控制等都无法实现。

在机电一体化产品中，传感器的作用相当于人的感官，用于检测有关外界环境及自身状态的各种物理量（如力、位移、速度、位置等）及其变化，并将这些信号转换成电信号，再通过相应的变换、放大、调制与解调、滤波、运算等电路将有用信号检测出来，反馈给控制装置或送去显示。

各种不同的物理量需要监测和控制，这就要求传感器能获取被测非电量并将其转换成与被测量有一定函数关系的电量。传感器所测量的非电量处在不断的变化中，传感器能否将这些非电量的变化不失真地转换成相应的电量，取决于传感器的输入—输出特性。传感器这一基本特性可用静态特性和动态特性来描述。本任务就是了解传感器的基本特性、传感器的标定、传感器信号处理及传感器的选用方法。

一、传感器的基本特性

传感器的特性主要是指输出与输入之间的关系，它有静态、动态之分。静态特性是指当输入量为常量或输入量变化极慢时，输出与输入之间的关系；动态特性是指当输入量随时间较快地变化时，输出与输入之间的关系。

对传感器的要求：一个高精度的传感器，必须要有良好的静态特性和动态特性，从而确保检测信号（或能量）的无失真转换，使检测结果尽量反映被测量的原始特征。传感器除了描述动态、静态特性之外，还有与使用条件、使用环境、使用要求等有关的特性。

在这里只讨论传感器静态特性的主要指标。

1. 线性度

线性度是指传感器的输出与输入呈线性关系的程度。传感器的理想输入—输出特性应该是线性的，有助于传感器的理论分析、设计处理、制作标定和测试。但实际的传感器的输入—输出特性具有一定的非线性，所以要进行非线性特性的线性化处理。在实际工作中，为使仪表刻度均匀，常用一条拟合直线近似地代表实际的特性曲线。拟合直线的选取有多种方法，如将零输出和满量程输出点相连的理论直线作为拟合直线，线性度就是这个近似程度的一个性能指标，如图1-14所示。

当采用直线拟合线性化时，输入—输出的校正曲线与其拟合直线之间的最大偏差，就称为非线性误差或线性度。通常用相对误差 e_L 表示，即

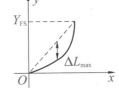

图1-14　传感器的
线性度示意

$$e_L = \frac{\Delta L_{max}}{Y_{FS}} \times 100\% \qquad (1-1)$$

式中：ΔL_{max}——输出平均值与拟合直线间的最大偏差；

　　　Y_{FS}——理论满度值。

非线性误差的大小是以一定的拟合直线为基准直线而得出来的。拟合直线不同，非线性误差也不同。所以，选择拟合直线的主要出发点，应是获得最小的非线性误差。另外，还应考虑使用是否方便，计算是否简便。线性拟合的方法有理论拟合、端点连线平移拟合、端点连线拟合、过零旋转拟合、最小二乘拟合、最小包容拟合等，如图1-15所示。

2. 迟滞性

传感器在正（输入量增大）、反（输入量减小）行程中的输入—输出曲线不重合称为迟滞。迟滞特性一般由实验方法测得，如图1-16所示。

迟滞误差一般以满量程输出的百分数表示，一般用两曲线之间输出量的最大差值 ΔH_{max} 与满量程输出 Y_{FS} 的百分比来表示迟滞误差，即

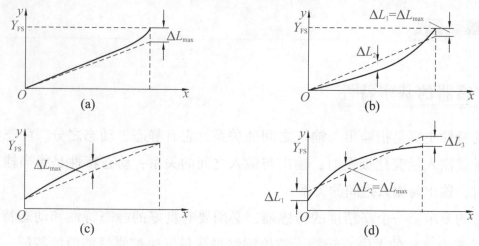

图 1-15 线性拟合方法

（a）理论拟合；（b）过零旋转拟合；（c）端点连线拟合；（d）端点连线平移拟合

$$e_H = \pm \frac{\Delta H_{\max}}{Y_{FS}} \times 100\% \qquad (1-2)$$

式中：$\Delta H_{\max}$——正、反行程间输出的最大差值；

$\quad\quad Y_{FS}$——理论满度值。

迟滞误差也称回程误差。回程误差常用绝对误差表示。检测回程误差时，可选择几个测试点。对应于每一个输入信号，传感器正行程及反行程中输出信号差值的最大者即为回程误差。

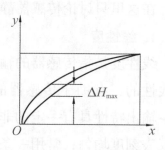

图 1-16 传感器的迟滞特性示意

产生迟滞的原因：传感器的机械部分、结构材料方面存在不可避免的弱点，如轴承摩擦、间隙等。

3. 重复性

重复性是指传感器在输入按同一方向连续多次变动时所得特性曲线不一致的程度，如图 1-17 所示。

重复性误差可用正、反行程中最大偏差表示：正行程的最大重复性偏差为 $\Delta R_{\max 1}$，反行程的最大重复性偏差为 $\Delta R_{\max 2}$，取这两个最大误差中的较大者为 $\Delta R_{\max}$，用 $\Delta R_{\max}$ 与满量程输出 Y_{FS} 的百分比表示重复性偏差，即

$$e_R = \pm \frac{\Delta R_{\max}}{Y_{FS}} \times 100\% \qquad (1-3)$$

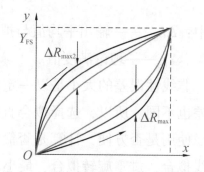

图 1-17 传感器的重复特性示意

4. 灵敏度

传感器输出的变化量 Δy 与引起该变化量的输入变化量 Δx 之比为静态灵敏度，表达式为

$$k = \frac{\Delta y}{\Delta x} \qquad (1-4)$$

即传感器的灵敏度就是校准曲线的斜率。

因此，传感器输出曲线的斜率就是灵敏度。线性特性的传感器，特性曲线的斜率处处相同，灵敏度 k 是常数，与输入量大小无关。

由于某种原因，会引起灵敏度变化，产生灵敏度误差。灵敏度误差用相对误差表示，即

$$e_s = (\Delta k / k) \times 100\% \qquad (1-5)$$

5. 分辨力和阈值

分辨力是指传感器能检测到的最小的输入增量。当输入量连续变化时，输出量只做阶梯变化，则分辨力就是输出量的每个"阶梯"所代表的输入量的大小。

分辨力用绝对值表示，而用与满量程的百分数表示时称为分辨率，如图 1-18 所示。

在传感器输入零点附近的分辨力称为阈值。

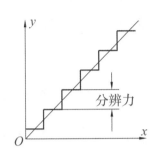

图 1-18 静态特性的分辨力

6. 时间稳定性（零漂）

时间稳定性是指传感器在长时间工作的情况下输出量发生的变化，有时称为长时间工作稳定性或零点漂移，如图 1-19 所示。

测试时先将传感器输出调至零点或某一特定点，相隔 4 h、8 h 或一定的工作次数后，再读取输出值，前、后两次输出值之差即为稳定性误差。既可用相对误差表示，也可用绝对误差表示。

7. 温度稳定性（温漂）

温度稳定性又称温度漂移，是指传感器在外界温度条件下输出量发生的变化。

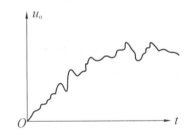

图 1-19 静态特性的稳定性

测试时先将传感器置于一定温度（如 20℃）下，将其输出调至零点或某一特定点，使温度上升或下降一定的度数（如 5℃ 或 10℃），再读出输出值，前、后两次输出值之差即为温度稳定性误差。

温度稳定性误差用温度每变化若干℃的绝对误差或相对误差表示，每℃引起的传感器误差又称为温度误差系数。

8. 抗干扰稳定性

抗干扰稳定性指传感器对外界干扰的抵抗能力，如抗冲击和振动的能力、抗潮湿的能力、抗电磁场干扰的能力等。评价这些能力比较复杂，一般也不易给出数量概念，需要具体问题具体分析。

9. 静态误差

静态误差是指传感器在全量程内任一点的输出值与理论值的偏离程度。静态误差的求取方法：把全部输出数据与拟合直线上对应值的残差看成是随机分布，求出其标准偏差。

10. 精确度

精确度是测得值的随机误差和系统误值的综合反映，是精密度和准确度的综合概念。

精密度：说明测量传感器输出值的分散性。对某一稳定的被测量，由同一个测量者，用同一个传感器，在相当短的时间内连续重复测量多次，精密度即测量结果的分散程度。精密度是随机误差大小的标志，精密度高，意味着随机误差小。需要注意的是，精密度高不一定准确度高。

准确度：说明传感器输出值与真值的偏离程度。准确度是系统误差大小的标志，准确度高意味着系统误差小。准确度高不一定精密度高。

二、传感器的标定

任何一种传感器在装配完后都必须按技术指标进行全面严格的性能鉴定。使用一段时间（中国计量法规定一般为一年）或经过修理后，也必须对主要技术指标进行校准试验，以确保传感器的各项性能指标达到要求。

传感器的标定是利用某种标准仪器对新研制或生产的传感器进行技术检定和标度。它是通过实验建立传感器输入量与输出量之间的关系，并确定出不同使用条件下的误差关系或测量精度。

传感器的校准是指对使用或储存一段时间后的传感器性能进行再次测试和校正，校准的方法和要求与标定相同。

传感器的静态标定是在输入信号不随时间变化的静态标准条件下确定传感器的静态特性指标，如线性度、灵敏度、迟滞性、重复性等。静态标准是指没有加速度、振动、冲击（如果它们本身是被测量除外）及环境温度一般为室温（20±5℃），相对湿度不大于85%，大气压力为 7 kPa 的情形。

动态标定主要是研究传感器的动态响应特性。常用的标准激励信号源是正弦信号和阶跃信号。根据传感器的动态特性指标，传感器的动态标定主要涉及一阶传感器的时间常数，二阶传感器的固有角频率和阻尼系数等。

标定系统一般由被测非电量的标准发生器、被测非电量的标准测试系统、待标定传感器配接的信号检测设备 3 部分组成。

三、传感器信号处理

各种非电量经传感器检测转变为电信号，这些电信号比较微弱，并与输入的被测量之间呈非线性关系，因此需要经过信号放大、隔离、滤波、A/D 转换、线性化处理和误差修正等处理。

1. 传感器信号预处理

传感器与微机的接口电路主要由信号预处理电路、数据采集系统和计算机接口电路组成，如图1-20所示。其中，预处理电路把传感器输出的非电压量转换成具有一定幅值的电压量；A/D转换电路把模拟电压量转换成数字量；计算机接口电路把A/D转换后的数字信号送入计算机，并把计算机发出的控制信号送至输入接口的各功能部件。计算机还可通过其他接口把信息数据送往显示器、控制器和打印机等。

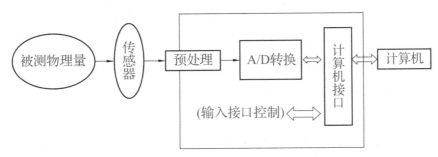

图1-20　传感器与微机的接口框图

2. 传感器信号的放大电路

测量放大器也称仪表放大器（简称IA），用于信号微弱且存在较大共模干扰的场合，具有精确的增益标定，又称数据放大器。

3. 信号的调制与解调

传感器输出的信号，通常是一种频率不高的弱小信号，要通过放大才能向下传输。从信号放大的角度来看，直流信号（传感器传出的信号有许多是近似直流缓变信号）的放大比较困难。因此，需要把传感器输出的缓变信号先变成具有高频率的交流信号，再进行放大和传输，最后再还原成原来频率的信号（信号已被放大），这样的过程称为信号的调制和解调。

调制是利用信号来控制高频振荡的过程，即人为地产生一个高频信号（它由频率、幅值、和相位3个参数决定），使其中的一个参数随着需要传输的信号变化而变化，使原来变化缓慢的信号被这个受控的高频振荡信号所代替，进行放大和传输，以便得到最好的放大和传输效果。通常有调幅、调相和调频调制3种方法。

解调是从已被放大和传输的，且有原来信号的高频信号中，把原来信号取出的过程。

4. 模/数转换

模/数转换电路（亦称A/D转换电路）的作用是将由传感器检测电路预处理过的模拟信号转换成适合计算机处理的数字信号，然后输入微型计算机。

A/D转换器是集成在一块芯片上的能完成模拟信号向数字信号转换的单元电路。A/D转换的方法有多种，最常用的是比较型和积分型两类。此外还有并行比较型、逐步逼近型、计数器型等。

5. 噪声的抑制

在非电量的检测及控制系统中，往往会混入一些干扰的噪声信号，它们会使测量结果产生很大的误差，这些误差将导致控制程序紊乱，从而造成控制系统中的执行机构产生误动作。因此，在传感器信号处理中，噪声的抑制是非常重要的，噪声的抑制也是传感器信号处理的重要内容之一。

噪声就是测量系统电路中混入的无用信号，按噪声源的不同，噪声可分为内部噪声和外部噪声。

噪声的抑制方法主要有以下 5 种。

①选用质量好的元器件。

②接地。传感器或电路接地，是为了清除电流流经公共地线阻抗时产生的噪声电压，也可以避免受磁场或地电位差的影响。把接地和屏蔽结合起来使用，就可以抑制大部分的噪声。

③屏蔽。屏蔽就是用低电阻材料或磁性材料把元器件、传输导线、电路及组合件包围起来，以隔离内、外电磁或电场相互干扰。屏蔽可分为 3 种，即电场屏蔽、磁场屏蔽及电磁屏蔽。

④隔离。前、后两个电路信号端直接连接，容易形成环路电流，引起噪声干扰。这时，常采用隔离的方法，把两个电路的信号端从电路上隔开。隔离的方法主要是采用变压器隔离和光电耦合器隔离。

⑤滤波。滤波电路或滤波器是一种能使某一部分频率顺利通过而另一部分频率衰减的装置。常采用的方法是在运算放大器的同相端接入一阶或二阶 RC 有源低通滤波器，使干扰的高频信号滤除，而有用的低频信号顺利通过；反之，在输入端接高通滤波器，将低频干扰滤除，使高频有用信号顺利通过。

四、传感器的选用方法

现代传感器在原理与结构上千差万别，如何根据具体的测量目的、测量对象以及测量环境合理地选用传感器，是在组建测量系统时首先要解决的问题。当传感器确定之后，与之相配套的测量方法和测量设备也就可以确定了。测量结果的成败，在很大程度上取决于传感器的选用是否合理。

【从身边做起】

传感器的选择决定着测量的成败，正如我们热爱自己的祖国不是一个宏大梦想，是一种行动、一种信念，也要从身边做起，从现在做起。中国是有着五千年文明的古国，中国文化博大精深、历史悠久，激励一代代中国人做出丰功伟绩，我国的科技日新月异，我国的经济跃进了世界先进行列。我们要如何热爱我们的祖国，为祖国做出一些贡献呢？读书要努力刻苦，学习自己国家的文化，树立中国文化自信观念，增强爱国热情。平时多传播正能量，文明言语，礼貌待人，帮助同学，努力学好技能，学有所成，为国家发展做贡献。

如何选择合适的传感器，这需要分析多方面的因素。因为即使是测量同一物理量，也有多种原理的传感器可供选用，哪一种原理的传感器更为合适，则需要根据被测量的特点和传感器的使用条件具体分析，我们应从以下 5 个方面进行考虑。

1. 与测量条件有关的因素

与测量条件有关的因素包括测量的目的、被测试量的选择、测量范围、输入信号的幅值、频带宽度、精度要求、测量所需要的时间等。

2. 技术指标要求

技术指标要求包括精度、稳定度、响应特性、模拟量与数字量、输出幅值、对被测物体产生的负载效应、校正周期、超标准过大的输入信号保护等。

3. 使用环境要求

使用环境要求包括安装现场条件及情况、环境条件（温湿度、振动等）、信号传输距离、所须现场提供的功率容量等。

4. 与购买和维修有关的因素

与购买和维修有关的因素包括价格、零配件的储备、服务与维修制度、保修时间、交货日期等。

此外，传感器的选择还要考虑电源电压形式、等级、功率、绝缘电阻、接地保护、抗干扰能力、寿命、无故障工作时间等。

5. 选择方法

具体选择传感器时可考虑以下 3 种方法。

①借助传感器分类表，按被测量的性质，从典型应用中可以初步确定几种可供选用的传感器的类别。

②借助常用传感器比较表，按被测量的范围、精度要求、环境要求等确定传感器类别。

③借助传感器的产品目录和选型样本，查出传感器的规格、型号、性能和尺寸。

测量物体力学量

- 测量物体力学量
  - 电阻应变式传感器测量力学量
    - 电阻应变式传感器
      - 电阻应变式传感器特征
      - 应变片的结构与类型
      - 应变片的工作原理
      - 弹性敏感元件
    - 测量转换电路
      - 单臂电桥
      - 差动半桥
      - 差动全桥
    - 应变片温度补偿
      - 单丝补偿应变片法
      - 双丝组合式自补偿应变片法
      - 桥式电路补偿法
    - 应变式传感器的应用
      - 应变式力传感器
      - 应变式压力传感器
      - 应变式加速度传感器
      - 应变式扭矩传感器
    - 应变式传感器测液体压力
      - 插入式液体重量或液位传感器
      - 投入式液体重量或液位传感器
  - 压电式传感器测量力学量
    - 压电式传感器工作原理
    - 压电材料
      - 石英晶体
      - 压电陶瓷
      - 有机压电材料
    - 压电式传感器的测量转换电路
      - 压电元件常用连接形式
      - 压电式传感器的等效电路
      - 压电式传感器的测量电路
    - 压电式传感器的应用
      - 压电式传感器测量力
      - 压电式传感器测量加速度
      - 压电式传感器测量金属加工切削力
      - 压电陶瓷的其他应用

项目教学目标

【知识目标】

（1）掌握电阻应变式传感器的分类与组成结构。

（2）知道电阻应变片的结构和贴片方法。

（3）知道应变片的电路转换方法。

（4）掌握压电材料的类型。

（5）掌握压电元件常用结构形式。

（6）知道压电式传感器测量电路。

【技能目标】

（1）会复述应变式力传感器的工作原理。

（2）会选择电阻应变片式传感器类型的应用场合。

（3）会复述掌握压电式传感器的工作原理。

（4）会选择压电式传感器的应用场合。

（5）会结合生活生产实际举例说明传感器的应用。

【素养目标】

（1）通过应变式传感器的学习，应变新知识，传承传统文化，"博学之，审问之，慎思之，明辨之，笃行之"，脚踏实地学习技能学问。

（2）通过石英晶体压电效应特性的分析，培养学生透过现象看本质，揭穿假象的面具，真正认识事物本质、揭示事物变化规律，要变压力为动力。

任务2.1　电阻应变式传感器测量力学量

任务描述

在生活、生产中，我们常常需要对物体的重量进行检测。用于测量物体重量（质量）的电子装置称为电子秤。与机械秤相比，它不仅可以测量物体重量，还可以将采集的数据传送到数据处理中心，作为在线测量或自动控制的依据。电子秤的种类有很多，如家用的小量程电子秤、健康秤，适合便利店、超市、大卖场等场所使用的条码秤、计价秤、计重秤、收银秤，广泛应用于仓库、车间、货场、集贸市场、工地等场所的电子平台秤，适用于吊装物料称量的吊钩秤，应用于港口、仓储、工厂、货场的电子汽车秤等。

电阻应变式传感器作为测力的主要传感器，测力范围小到肌肉纤维，大到登月火箭，精确度可到 0.01% ~ 0.1%。本任务是研究电阻应变式传感器及其如何测量力的方法。

 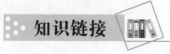

一、电阻应变式传感器

电阻应变式传感器是一种利用金属电阻应变片将应变转换成电阻变化的传感器。电阻应变式传感器基本工作原理是将被测的非电量转化成电阻值的变化，再通过转换电路变成电量输出。

电阻式传感器应用广泛、种类繁多，如电位器式、应变式、热电阻和热敏电阻等；电位器式电阻传感器是一种把机械线位移或角位移输入量通过传感器电阻值的变化转换为电阻或电压输出的传感器；电阻应变式传感器是通过弹性元件将被测量引起的形变转换为传感器敏感元件的电阻值变化。各种电阻应变式传感器的外形如图 2-1 所示。

图 2-1　各种电阻应变式传感器的外形

1. 电阻应变式传感器特征

①可测变量：力、压力、位移、应变、扭矩、加速度等。

②特点：结构简单、使用方便、性能稳定、可靠、灵敏度高和测量速度快等。

③应用领域：航空、机械、电力、化工、建筑、医学等。

④工作原理：导体或半导体材料在外界力的作用下，会产生机械变形，其电阻值也将随着发生变化，这种现象也称为电阻应变效应。

⑤组成：主要由电阻应变片及测量转换电路组成。电阻应变式传感器测量示意如图 2-2 所示。

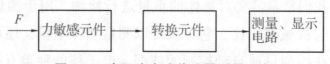

图 2-2　电阻应变式传感器测量示意

2. 应变片的结构与类型

电阻应变片（简称应变片或应变计）分为金属式电阻应变片和半导体式电阻应变片。电阻应变片的电阻值有 60 Ω、120 Ω、200 Ω、350 Ω 等，其中 120 Ω 最为常用。根据敏感元件的形态不同，金属式电阻应变片可分为丝式、箔式和薄膜应变片等，应变片分类如图 2-3 所示。

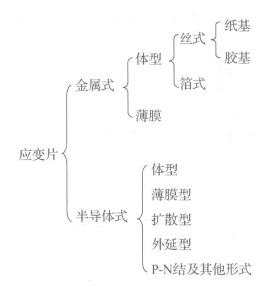

图 2-3　应变片分类

（1）丝式应变片

丝式应变片是将金属丝按图 2-4 所示形状弯曲后用黏合剂贴在衬底上使用的，有纸基型和胶基型两种。丝式应变片蠕变较大，金属丝易脱落，但其价格低、强度高，广泛应用于应变、应力的大批量、一次性的实验，测量要求不是很高。丝式应变片由敏感栅、基片、覆盖层和引线等部分组成，如图 2-4 所示。

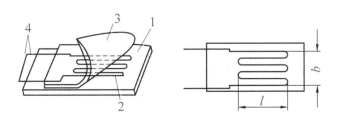

1—基片；2—敏感栅；3—覆盖层；4—引线。

图 2-4　丝式应变片结构

敏感栅：敏感栅是实现应变与电阻转换的敏感元件，由直径为 0.015~0.05 mm 的金属细丝绕成栅状，将其用黏合剂黏在各种绝缘基底上，并用引线引出，再盖上既可保持敏感栅和引线形状与相对位置、又可保护敏感栅的盖片。敏感栅有丝式、箔式和薄膜型 3 种。

基片：绝缘及传递应变。测量时应变片的基底黏合在试件上，要求基底准确地把试件应变传递给敏感栅；同时基片绝缘性能要好，否则应变片微小电信号就要漏掉。基片由纸薄、胶质膜等制成，覆盖层起保护作用，能够防湿、蚀、尘。引线能够连接敏感栅与测量电路，输出电参量。

（2）箔式应变片

箔式应变片的敏感栅利用照相制版或光刻腐蚀的方法，将电阻箔材制成各种形状，箔材厚度为 0.001~0.01 mm。箔式应变片的应用日益广泛，在常温下已逐步取代了线绕式应变片。

箔的材料多为电阻率高、热稳定性好的铜镍合金。箔式应变片与基片的接触面积大，散热条件较好，在长时间测量时的蠕变较小，一致性较好，适用于大批量生产，目前广泛用于各种应变式传感器中。箔式应变片如图2-5所示，其外观如图2-6所示。它具有以下5个优点。

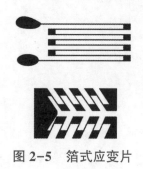

图2-5　箔式应变片

图2-6　箔式应变片外观

①制造技术能保证敏感栅尺寸准确、线条均匀，可以制成任意形状以适应不同的测量要求。

②敏感栅薄而宽，黏合情况好，传递试件应变性能好。

③散热性能好，允许通过较大的工作电流，从而可增大输出信号。

④敏感栅弯头横向效应可以忽略。

⑤蠕变、机械滞后较小，疲劳寿命高。

（3）薄膜应变片

薄膜应变片采用真空蒸发或真空沉积等方法，将电阻材料在基底上制成一层各种形状的敏感栅，敏感栅的厚度在0.1 μm以下。薄膜应变片具有灵敏度系数高，易实现工业化生产的特点，是一种很有前途的新型应变片。

薄膜应变片采用真空蒸镀或溅射式阴极扩散等方法，在薄的基底材料上制成一层金属电阻材料薄膜以形成应变片。这种应变片有较高的灵敏度系数，允许电流密度大，工作温度范围较广。

（4）半导体应变片

半导体应变片是将单晶硅锭切片、研磨、腐蚀压焊引线，最后黏合在锌酚醛树脂或聚酰亚胺的衬底上制成的，是一种利用半导体单晶硅的压阻效应制成的一种敏感元件。

1）体型半导体应变片

体型半导体应变片是将单晶硅锭切片、研磨、腐蚀压焊引线，最后黏合在锌酚醛树脂或聚酰亚胺的衬底上制成的。体型半导体应变片可分为以下6种。

①普通型：适合于一般应力测量。

②温度自动补偿型：能使温度引起的导致应变电阻变化的各种因素自动抵消，只适用于特定的试件材料。

③灵敏度补偿型：通过选择适当的衬底材料（如不锈钢），并采用稳流电路，使温度引起的灵敏度变化极小。

④高输出（高电阻）型：阻值很高（2~10 kΩ），可接成电桥以高电压供电而获得高输出

电压，因而可不经放大而直接接入指示仪表。

⑤超线性型：在比较宽的应力范围内，呈现较宽的应变线性区域，适用于大应变范围的场合。

⑥P-N 组合温度补偿型：选用配对的 P 型和 N 型两种转换元件作为电桥的相邻两臂，从而使温度特性和非线性特性有较大改善。

2）薄膜型半导体应变片

薄膜型半导体应变片是利用真空沉积技术将半导体材料沉积在带有绝缘层的试件上或蓝宝石上制成的。它通过改变真空沉积时衬底的温度来控制沉积层电阻率的高低，从而控制电阻温度系数和灵敏度系数。因而能制造出适用于不同试件材料的温度自补偿薄膜应变片。薄膜型半导体应变片同时具备金属应变片和半导体应变片的优点，并避免了金属应变片的缺点，是一种较理想的应变片。

3）扩散型半导体应变片

扩散型半导体应变片将 P 型杂质扩散到一个高电阻 N 型硅基底上，形成一层极薄的 P 型导电层，然后用超声波或热压焊法焊接引线而制成。它的优点是稳定性好、机械滞后和蠕变小，电阻温度系数也比一般体型半导体应变片小一个数量级；其缺点是存在 P-N 结，当温度升高时，绝缘电阻大为下降。新型固态压阻式传感器中的敏感元件硅梁和硅杯等就是用扩散法制成的。

4）外延型半导体应变片

外延型半导体应变片是在多晶硅或蓝宝石的衬底上外延一层单晶硅而制成的。它的优点是取消了 P-N 结隔离，使工作温度大为提高（可达 300℃）。此处不再对 P-N 结及其他形式的半导体应变片做过多介绍。

5）半导体应变片的特点

半导体应变片最突出的优点是灵敏度高，这为它的应用提供了有利条件；另外，由于机械滞后小、横向效应小以及它本身体积小等特点，扩大了半导体应变片的使用范围。

半导体应变片最大的缺点是温度稳定性差，灵敏度离散程度大（由于晶向、杂质等因素的影响）以及在较大应变作用下非线性误差大等，会给使用带来一定困难。

表 2-1 列出了某电子仪器厂生产的部分应变片的主要技术参数，PZ 型为纸基丝式应变片，PJ 型为胶基丝式应变片，BX、BA、BB 型为箔式应变片，PBD 型为半导体应变片。

表 2-1　应变片主要技术指标

参数名称	电阻值/Ω	灵敏度	电阻温度系数/（%/℃）	极限工作温度/℃	最大工作电流/mA
PZ-120 型	120	1.9~2.1	20×10⁻⁶	−10~40	20
PJ-120 型	120	1.9~2.1	20×10⁻⁶	−10~40	20
BX-200 型	200	1.9~2.2	−（备注）	−30~60	25

续表

参数名称	电阻值/Ω	灵敏度	电阻温度系数/（%/℃）	极限工作温度/℃	最大工作电流/mA
BA-120 型	120	1.9~2.2	-（备注）	30~200	25
BB-350 型	120	1.9~2.2	-（备注）	30~170	25
PBD-1K 型	1 000（1±10%）	140（1±5%）	<0.4%	<60	45
PBD-120 型	120（1±10%）	120（1±5%）	<0.2%	<60	25

备注：可根据被黏合材料的线膨胀系数进行自补偿加工。

3. 应变片的工作原理

电阻应变式传感器是利用了金属和半导体材料的应变效应。应变效应是指金属和半导体材料的电阻值随它承受的机械变形大小而发生变化的现象。

如图 2-7 所示，当电阻丝受到拉力 F 时，其阻值发生变化。材料电阻值的变化，一是受力后材料几何尺寸变化；二是受力后材料的电阻率也发生了变化。

设有一长度为 l、截面积为 A、半径为 r、电阻率为 ρ 的金属丝，它的电阻值 R 可表示为

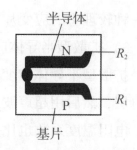

图 2-7　半导体应变片

$$R = \rho\,\frac{l}{A} = \rho\,\frac{l}{\pi r^2}$$

金属丝受拉时，l 变长、r 变小，导致 R 变大，金属丝电阻测量如图 2-8 所示。

当沿金属丝的长度方向作用均匀拉力（或压力）时，上式中的 ρ、r、l 都将发生变化，从而导致电阻值 R 发生变化。例如，当金属丝受拉时，l 将变长、r 变小，均导致 R 变大；又如，当某些半导体受拉时，ρ 将变大，导致 R 变大。

图 2-8　金属丝电阻测量

金属的电阻应变效应如图 2-9 所示，当金属导线两端受到均匀的力 F 作用时，其长度、横截面积和电阻率都将发生变化。利用材料力学的知识，通过理论上的公式推导，并经过实验证明，可以得到：电阻丝电阻的相对变化 $\Delta R/R$ 与 $\Delta L/L$ 的关系在很大范围内是线性的，即

$$K = \frac{\Delta R/R}{\Delta L/L} = \frac{\Delta R/R}{\varepsilon_x} \tag{2-1}$$

式中：$\Delta L/L$——电阻丝的轴向应变，$\Delta L/L = \varepsilon_x$；

K——电阻应变片的灵敏度，指单位应变所引起的电阻相对变化。

对于不同的金属材料，K 略微不同，一般为 2 左右。对半导体材料而言，由于当感受到应变时，电阻率 ρ 会产生很大的变化，所以灵敏度比金属材料大。在材料力学中，$\varepsilon_x = \Delta L/L$ 称

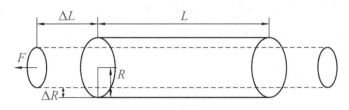

图 2-9　金属的电阻应变效应

为电阻丝的轴向应变，也称纵向应变。ε_x 通常很小，常用 10^{-6} 表示。

应变效应的结论如下。

①灵敏度系数：大量实验证明，在电阻丝拉伸极限内，电阻的相对变化与应变成正比，即 K 为常数。

当我们将金属丝做成电阻应变片后，电阻的应变特性与金属丝是不同的。实验证明，电阻的相对变化与应变的关系在很大范围内仍然有很好的线性关系，即 $\Delta R/R = K\varepsilon$。

电阻应变片的灵敏度系数恒小于金属丝的灵敏度系数 k_0。究其原因，除了应变片使用时胶体黏合传递变形失真外，另一重要原因是由于存在横向效应。

②应变测量：应变片测量应变的基本原理——应力 σ 正比于电阻值的变化。

4. 弹性敏感元件

在传感器工作过程中，用弹性敏感元件把各种形式的物理量转换成形变，再由电阻应变片等转换元件将形变转换成电量。所以，弹性敏感元件是传感器技术中应用较广泛的元件之一。

弹性敏感元件结构形式分为柱形、筒形、环形、梁式和轮辐式等。变换力的弹性敏感元件如图 2-10 所示。悬臂梁是一端固定另一端自由的弹性敏感元件，具有结构简单、加工方便的特点，应用在较小力的测量中。悬臂梁可分为等截面梁和等强度梁。

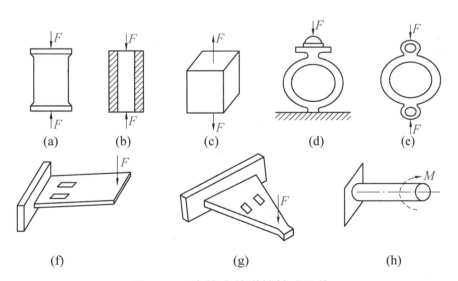

图 2-10　变换力的弹性敏感元件

（a）实心圆柱；（b）空心圆柱；（c）矩形柱；（d）等截面圆环；

（e）等截面圆环；（f）等截面悬臂梁；（g）变截面悬臂梁；（h）扭转轴

变换压力的弹性敏感元件有弹簧管、波纹管、波纹膜片、膜盒、薄壁圆筒、薄壁半球等，如图 2-11 所示，几种波纹管弹性敏感元件的外形如图 2-12 所示。

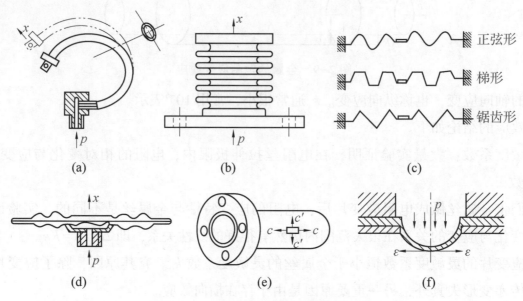

图 2-11　变换压力的弹性敏感元件

（a）弹簧管；（b）波纹管；（c）波纹膜片；（d）膜盒；（e）薄壁圆筒；（f）薄壁半球

图 2-12　几种波纹管弹性敏感元件的外形

二、测量转换电路

金属应变片的电阻变化范围很小，如果直接用欧姆表测量其电阻值的变化将十分困难，且误差很大。通常采用电桥电路实现微小电阻值变化的电压输出。

根据电源的不同，可将电桥分为直流电桥和交流电桥。电桥按读数方法可分为平衡电桥（零读法）和不平衡电桥（偏差法）两种。平衡电桥仅适用于测量静态参数，而不平衡电桥对静、动态参数都可测量。本节我们只讨论直流不平衡电桥。

直流不平衡电桥电路如图 2-13 所示，它的 4 个桥臂由电阻 R_1、R_2、R_3、R_4 组成。它们可以全部或部分是应变片。3、4 端接直流电压 U_S，1、2 端输出电压 U_0。初始状态下，电桥是平衡的，输出为 0。

当其中一个桥臂（或 2 个、3 个、4 个）受到应变作用后，

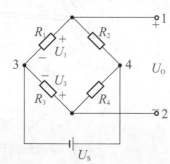

图 2-13　直流不平衡电桥电路

阻值将发生变化，桥路失去平衡，此时就会有信号 U_O 输出。

当电桥平衡时，有 $R_1R_4 = R_2R_3$，则

$$U_O = 0$$

电桥平衡条件：相邻两臂电阻的比值应相等，或相对两臂电阻的乘积相等。

当电桥不平衡时，有

$$U_O = U_1 - U_3 = \frac{R_1 U_S}{R_1 + R_2} - \frac{R_3 U_S}{R_3 + R_4} = \frac{R_1 R_4 - R_2 R_3}{(R_1 + R_2)(R_3 + R_4)} U_S \tag{2-2}$$

在测试技术中，根据在工作时电阻值发生变化的桥臂个数，电桥可分为单臂电桥、差动半桥和差动全桥 3 种连接方式，如图 2-14 所示。设图中均为全等臂电桥，即 $R_1 = R_2 = R_3 = R_4$，且电桥初始平衡。根据式（2-2）讨论 3 种连接方式的输出电压。

1. 单臂电桥

单臂电桥是指只有一个应变片接入的电桥，设 R_1 为接入的应变片，其余桥臂均为固定电阻。当 R_1 的阻值变化为 ΔR_1 时，根据式（2-2），电桥输出电压有电阻应变效应，上式可写成

$$U_O = \frac{U_S}{4} K\varepsilon \tag{2-3}$$

2. 差动半桥

差动半桥是指半桥电路中把两只应变片接入电桥的相邻两支桥臂。根据被测试件的受力情况，一个受拉，一个受压。两支桥臂的应变片的电阻变化大小相等，方向相反（差动工作）。根据式（2-2），输出端电压为

$$U_O = \frac{U_S}{2}\frac{\Delta R}{R} = \frac{U_S}{2} K\varepsilon \tag{2-4}$$

3. 差动全桥

差动全桥是指有 4 个应变片接入电桥，且差动工作，则

$$U_O = \frac{\Delta R}{R} U_S = U_S K\varepsilon \tag{2-5}$$

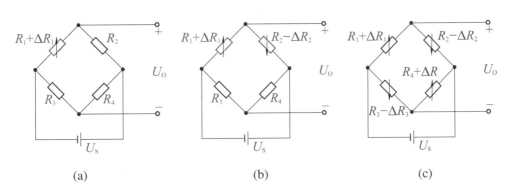

图 2-14　直流电桥的连接方式

（a）单臂电桥；（b）差动半桥；（c）差动全桥

直流电桥输出电压与被测应变量呈线性关系，而在相同条件下（供电电源和应变片的型

号不变），差动半桥输出电压是单臂电桥输出的 2 倍，差动全桥电路输出电压达到单臂电桥输出的 4 倍，即全桥工作时，输出电压最大，检测的灵敏度最高。

三、应变片温度补偿

测量时，我们希望应变片的阻值仅随应变变化而不受其他因素的影响，但是温度变化所引起的电阻变化与试件应变所造成的变化几乎处于相同的数量级，因此应清楚温度对测量的影响以及考虑如何补偿温度对测量的影响。

在应变片的实际应用中，环境温度的变化也会引起电桥电阻的变化，导致电桥的零点漂移，这种因温度变化产生的误差称为温度误差。其产生的原因是应变片的电阻温度系数不一致；应变片材料与被测试件材料的线膨胀系数不同导致应变片产生附加应变。因此，必须采取一定的措施减小或消除温度变化的影响，称之为温度补偿。

常用的温度补偿方法有两种：一是从应变片的敏感栅材料及制造工艺上采取措施，这是从电阻应变式传感器生产角度上来讲的；二是通过适当的贴片技巧与桥路连接方法消除温度的影响，这是从电阻应变式传感器应用角度上来讲的。这里主要介绍两种桥路补偿法。

1. 单丝补偿应变片法

在只有一个应变片工作的桥路中，可用补偿应变片法，如图 2-15 所示。当在测量力 F 作用下试件产生应变时，采用两片初始电阻值、灵敏度系数和弹性敏感元件都相同的应变片 R_1 和 R_2。R_1 贴在试件的测量点上，R_2 贴在补偿块上。补偿块就是与试件材料、温度相同，但不受力的试块，由于工作应变片 R_1 和补偿应变片 R_2 所受温度相同，则两者所产生的热应变相等。因为是处于电桥的两臂，所以不影响电桥的输出。补偿应变片法的优点是简单、方便，在常温下补偿效果比较好；缺点是当温度变化、梯度较大时，难以掌握。

图 2-15 补偿应变片的温度补偿

2. 双丝组合式自补偿应变片法

双丝组合式自补偿应变片由两种电阻温度系数符号不同（一个为正，一个为负）的电阻丝材料组成。将两者串联绕制成敏感栅，若两段敏感栅电阻 R_1 和 R_2 由于温度变化而产生的电阻变化分别为 R_1t 和 R_2t，其大小相等而符号相反，就可以实现温度补偿，如图 2-16 所示。

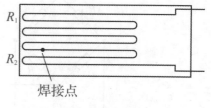

图 2-16 双丝组合式自补偿应变片

3. 桥式电路补偿法

桥式电路补偿法在测量应变时使用两个应变片，一个是工作应变片，另一个是补偿应变片。工作应变片贴在被测试件的表面，补偿应变片贴在与被测试件材料相同的补偿块上。桥式电路补偿法如图 2-17 所示。

R_1 和 R_2 分别接入相邻的两桥臂，因温度变化引起的电阻变化 ΔR_1 和 ΔR_2 的作用相互抵消，这样就起到了温度补偿的作用。

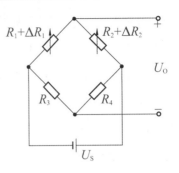

图 2-17 桥式电路补偿法

四、应变式传感器的应用

电阻应变片的应用可分为两大类。第一类是将应变片贴在某些弹性体上，并将其接到测量转换电路，这样就构成测量各种物理量的专用应变式传感器。在应变式传感器中，弹性元件一般为各种弹性体，传感元件就是应变片，测量转换电路一般为桥路。

第二类是将应变片贴于被测试件上，然后将其接到应变片上就可直接从应变片上读取被测试件的应变量。

1. 应变式力传感器

应变式传感器是利用电阻应变效应做成的传感器，是常用的传感器之一。其由电阻应变片和测量电路两部分组成。应变式传感器的核心元件是电阻应变片，如图 2-18 所示。

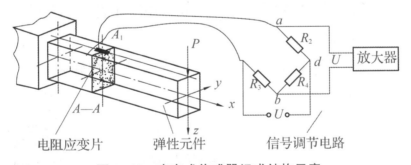

电阻应变片　　　弹性元件　　　信号调节电路

图 2-18 应变式传感器组成结构示意

应变式力传感器是指被测物理量为荷重或力的应变式传感器。应用：作为各种电子秤与材料试验机的测力元件，也可用于发动机的推力测试，或水坝坝体承载状况的监视。

【应变新知识，传承传统文化】

应变式传感器告诉我们，要迎接变化，把不易测量的被测量变换为直观的可测量。在现在的知识爆炸时代，我们从各种信息渠道，接收到大量信息。我们从互联网的角度来看，大部分内容只是一些浅显的、易于理解的、不需要过多思考就能够获取的信息。然而，它却不能提供系统的、有深度的认识，更多的是一些零碎的边角料。对于平台而言，多数的平台，它们的目的就是"获取更多的用户"，所以在传播知识上，利用擦边球的方式吸引更多人的眼球。渐渐地，那种碎片化阅读方式会让人形成阅读惰性，不愿在读书时主动理解，更难以产生深邃的思想。大脑会越来越懒，也不会轻易地动脑做结论。

其实学习是一个终身的工作，是一个不断成长和跃迁的体系。学习是一个"博学之，审问之，慎思之，明辨之，笃行之"的过程。天下所有的技能学问，没有不去执行而就可以称之为"学"的。"笃行"的"笃"，是敦实笃厚的意思，是说一旦进入了行之始，就踏踏实实一步一个脚印行下去，不半途而废。分辨明白了，思考慎重了，问得详尽了，学也就找到门道了，然后又能持续不断地下功夫，这就是笃行。我们要应变新知识，传承传统文化，"博学之，审问之，慎思之，明辨之，笃行之"，脚踏实地学习技能学问。

（1）圆柱式力传感器

圆柱式力传感器是指纵向和横向各贴四片应变片，纵向对称的 R_1 和 R_3 串接，R_2 和 R_4 串接，并置于相对桥臂以减小偏心载荷及弯矩的影响，如图 2-19 所示。

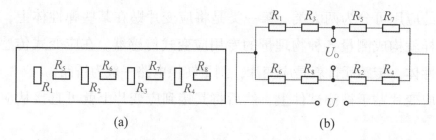

图 2-19　圆柱式力传感器

（a）圆柱面展开图；（b）桥路连接图

（2）应变片在悬臂梁上的黏合及变形

应变片用在悬臂梁上，如图 2-20 所示，主要用于检测和监控各种悬臂梁的工作状态。

（3）应变式荷重传感器和电子磅

应变式荷重传感器和电子磅如图 2-21 所示，主要用于各种载荷的承重检测，如电子秤、电子磅。

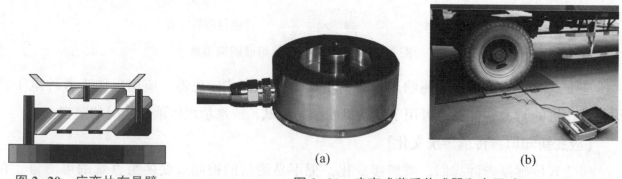

图 2-20　应变片在悬臂
梁上的黏合及变形

图 2-21　应变式荷重传感器和电子磅

（a）应变式荷重传感器；（b）电子磅

（4）汽车衡称重系统

汽车衡称重系统的结构组成：承载器、称重显示仪表、称重传感器、连接件、限位装置及接线盒等，还可以选配打印机、大屏幕显示器、计算机等外部设备。如图 2-22 所示。

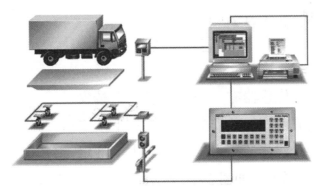

图 2-22 汽车衡称重系统

工作原理：被称重物或载重汽车置于承载器台面上，在重力作用下，通过承载器将重力传递至称重传感器，使称重传感器弹性体产生变形，贴附于弹性体上的应变片桥路失去平衡，输出与重量数值成正比例的电信号。经线性放大器将信号放大，再经 A/D 转换为数字信号，由仪表的微处理机对重量信号进行处理后直接显示重量数据。

2. 应变式压力传感器

应变式压力传感器主要用于液体、气体动态和静态压力的测量，如内燃机管道和动力设备管道的进气口、出气口气体和液体压力的测量。

3. 应变式加速度传感器

应变式加速度传感器结构示意如图 2-23 所示。将传感器固定于被测体上，当被测体产生水平加速度 a 时，因惯性质量块将产生与加速度方向相反的力 F，该力使支撑梁弯曲，梁的表面发生蠕变，致使组成平衡电桥的应变片阻值发生变化。结果同力传感器一样，使输出电压或电流产生跃变，其跃变值直接反映加速度的大小。

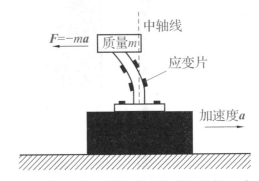

图 2-23 应变式加速度传感器结构示意

4. 应变式扭矩传感器

应变式扭矩传感器利用应变片将扭矩产生的应变转换为电阻值的变化。应变式扭矩传感器结构示意如图 2-24 所示。使机械部件转动的力矩称为转动力矩，任何转动部件在转动力矩的作用下，都会产生不同程度的扭曲变形，尤其是表面蠕变，所以一般也称转动力矩为扭矩。图 2-24 中卷筒扭矩的大小用 $T=FD/2$ 来表示。当转动轴

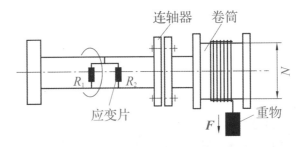

图 2-24 应变式扭矩传感器示意

表面产生蠕变时，也会使组成平衡电桥的电阻应变片阻值发生变化，同理，输出电压或电流产生跃变，其跃变值直接反映扭矩的大小。

五、应变式传感器测液体压力

1. 插入式液体重量或液位传感器

插入式液体重量或液位传感器有一根传压杆，上端安装微压传感器，为了保证灵敏度，共安装了两只；下端安装感压膜，感压膜感受上面液体的压力。当容器中溶液增多时，感压膜感受的压力就增大，如图 2-25 所示。

两个微压传感器的电桥，接成正向串接的双电桥电路，电桥输出电压与柱式容器内感压膜上面溶液的重量呈线性关系。因此，可测量容器内储存的溶液重量或液位。

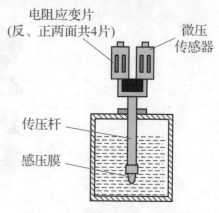

图 2-25　插入式液体重量或液位传感器

2. 投入式液体重量或液位传感器

投入式液体重量或液位传感器如图 2-26 所示，其适应于深度为几米至几十米，且混有大量污物、杂质或其他液体的液位测量。

压力的进气孔采用柔性不锈钢隔离膜片隔离，用硅油传导压力，并与液体相通。

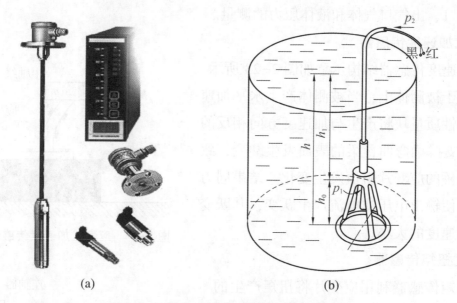

(a)　　　　　　　　　　(b)

图 2-26　投入式液体重量或液位传感器

（a）实物图；（b）测量示意

 **任务2.2** **压电式传感器测量力学量**

任务描述

传感器是信息获取信息的源头，在如今的测试系统中，没有源头获得信息，后续的工作是无法进行的。因此，传感器无论在哪个技术领域都不可替代。然而，目前不论国内还是国外，传感器技术在某些领域仍然存在技术缺陷，无法有效获取信息。例如，在高冲击测试环境中，没有一个传感器可以高效无干扰地获取加速度曲线，加速度传感器的零漂问题也是还没有攻克的技术难关。

我国在压电传感器测量技术的研究与应用上与国外发达国家相比，起步较晚、技术基础薄弱。自 20 世纪 70 年代以来，压电传感器的应用主要是为了满足航天技术发展的需要。改革开放之后，随着国民经济进入快速发展阶段，现代测量技术的发展与应用成为必然。

压电式传感器近几年发展迅速，尤其随着压电薄膜敏感元件的出现，在某些领域如爆破、高冲击、高重力值等环境下，很多以压电晶体、压电陶瓷为敏感元件的传感器被以压电薄膜为敏感元件的压电式传感器取代，克服了存在零漂严重、传感器易失效、频响范围小等问题。

应变式传感器很多不能测量的力，尤其是在场地、范围等方面，压电式传感器能发挥优势，本任务就是学习压电式传感器如何测量力。

知识链接

压电式传感器是一种自发电式传感器。它以某些电介质的压电效应为基础，在外力作用下，在电介质表面产生电荷，从而达到非电量电测的目的。

压电传感元件是力敏感元件，它可以测量最终能变换为力的非电物理量，如动态力、动态压力、振动加速度等，但不能用于静态参数的测量。

压电式传感器的特点：体积小、质量轻、频响高、信噪比大等，且由于它没有运动部件，因此结构坚固、可靠性、稳定性高。近年来，测量转换电路与压电元件已经被固定在同一壳体内，使压电式传感器使用更为方便。

一、压电式传感器工作原理

当沿着一定方向施加作用力时，压电式传感器内部产生极化现象，同时在它表面会产生符号相反的电荷；当外力去掉后，压电式传感器又重新恢复不带电状态；当作用力方向改变后，电荷的极性也随之改变；这种现象称为压电效应。压电效应分为正压电效应和逆压电效应，压电效应转换如图 2-27 所示。

图 2-27 压电效应转换

压电效应（正压电效应）：某些物质，当沿着一定方向受到压力或者拉力作用而发生变形，其两个表面上会产生符号相反的电荷；当外力去掉时，它们又重新回到不带电的状态；当受力方向变化时，电荷的极性也随着变化（机械能转换为电能），如图 2-28 所示。

图 2-28 压电元件能量转换

逆压电效应（电致伸缩效应）：当在电介质的极化方向施加电场，这些电介质就在一定方向上产生机械变形或机械压力，当外加电场撤去时，这些变形或应力也随之消失（电能转换为机械能）。

二、压电材料

压电式传感器是以压电效应为基础，将力学量转换为电量的器件。典型的具有压电效应的物质有压电晶体、压电陶瓷和高分子压电材料等。压电晶体包括天然存在的石英晶体和人造的水溶性压电晶体；压电陶瓷也是人造的；高分子压电材料是近年来发展的新型材料，高分子压电材料属于有机电材料。

1. 石英晶体

石英晶体俗称水晶，有天然和人造之分。石英晶体是一种性能良好的压电晶体，它的突出优点是性能非常稳定，介电常数与压电系数的温度稳定性特别好，且居里点高，可达到575℃（即达到575℃时，石英晶体将完全丧失压电性质）。此外，它还具有机械强度大和机械性能稳定，绝缘性能好、动态响应快、线性范围宽、迟滞小等优点。但石英晶体的压电常数小（$d_{11} = 2.31 \times 10^{-12} \, C/N$），灵敏度低，且价格较贵，所以只在标准传感器、高精度传感器或高温环境下工作的传感器中作为压电元件使用。天然石英晶体性能优于人造石英晶体，但天然石英晶体价格较贵。其外形如图2-29所示，呈六角棱柱体。

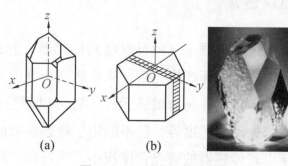

图 2-29　天然石英晶体
（a）石英晶体的坐标轴；（b）切割方向；
（c）天然石英晶体外观

天然石英晶体的理想外形是一个正六面体，在晶体学中它可用三根互相垂直的轴来表示，其中纵向轴 $O-z$ 称为光轴；经过正六面体棱线，并垂直于光轴的 $O-x$ 轴称为电轴；与 $O-x$ 轴和 $O-z$ 轴同时垂直的 $O-y$ 轴（垂直于正六面体的棱面）称为机械轴，如图2-29所示。

通常把沿电轴 $O-x$ 方向的力作用下产生电荷的压电效应称为"纵向压电效应"，而把沿机械轴 $O-y$ 方向的力作用下产生电荷的压电效应称为"横向压电效应"，沿光轴 $O-z$ 方向受力则不产生压电效应。

石英晶体薄片及封装如图2-30所示。

石英晶体主要用于精密测量，多在

图 2-30　石英晶体薄片及封装
（a）石英晶体薄片；（b）双面镀银并封装

标准传感器、高精度传感器中使用。

石英晶体的结论如下。

①无论是正或逆压电效应，其作用力（或应变）与电荷（或电场强度）之间呈线性关系。

②晶体在哪个方向上有正压电效应，则在此方向上一定存在逆压电效应。

③石英晶体不是在任何方向都存在压电效应的。

【透过现象看本质】

对石英晶体压电效应特性的分析可知：任何事物都具有现象和本质两重属性，现象是本质的外在表现，本质是现象的内在根据，现象离不开本质，本质也离不开现象，现象与本质具有对立统一关系；人们认识一个事物，首先接触的是事物的现象，但事物的现象有真象和假象之分，本质表现为真相的事物容易认识，本质表现为假象的事物就要小心了，所以我们要透过现象来看事物的本质，尤其要注意揭穿假象的面具，以达到真正认识事物本质、揭示事物变化规律的目的；这其中也蕴含着要变压力为动力、积极面对困难，还得有正确的方法、主动解决问题的思维。

2. 压电陶瓷

压电陶瓷是人造的多晶体压电材料，如钛酸钡、锆钛酸铅、铌酸锶等，与石英晶体相比，压电陶瓷系数较高于石英晶体，但其介电常数、机械性能不如石英晶体。它具有烧制方便、耐湿、耐高温、易于成型等特点，制造成本很低。因此，在实际应用中的压电传感器，大多采用压电陶瓷为制作材料。压电陶瓷如图 2-31 所示。

压电陶瓷的弱点：居里点较石英晶体要低 200℃～400℃，性能没有石英晶体稳定。但随着材料科学的发展，压电陶瓷的性能正在逐步提高。

（1）常用的压电陶瓷材料

常用的压电陶瓷材料有以下 4 种。

1）锆钛酸铅系列压电陶瓷（PZT）

锆钛酸铅压电陶瓷是钛酸铅和锆酸铅材料组成的固熔体。它有较高的压电常数 $[d_{11}=(200\sim500)\times10^{-12}C/N]$ 和居里点（300℃以上），工作温度可达 250℃，是目前经常采用的压电材料。在上述材料中掺入微量的镧（La）、

图 2-31　压电陶瓷

铌（Nb）或锑（Sb）等，可以得到不同性能的材料。PZT 是工业中应用较多的压电材料。

2）钛酸钡压电陶瓷（BaTiO₃）

BaTiO$_3$ 由 BaCO$_3$ 和 TiO$_2$ 在高温下合成，具有较高的压电常数（$d_{11}=190\times10^{-12}C/N$）和相对介电常数，但居里点较低（约为 120℃），机械强度也不如石英晶体，目前使用较少。

3）铌酸盐系列压电陶瓷

铌酸铅具有很高的居里点和较低的相对介电常数。铌酸钾的居里点为 435℃，常用于水声传感器。铌酸锂具有很高的居里点，可作为高温压电传感器。其中以铌酸锂为代表，在光电、

微声和激光等器件方面都有重要应用。铌酸盐系列压电陶瓷的不足之处是质地脆、抗机械和热冲击性差。

4）铌镁酸铅压电陶瓷（PMN）

铌镁酸铅压电陶瓷具有较高的压电常数 $[d_{11} = (800 \sim 900) \times 10^{-12} \text{C/N}]$ 和居里点（260℃），它能在压力为 70 MPa 时正常工作，因此可作为高压下的力传感器。

2）压电陶瓷的压电效应

压电陶瓷是人造的多晶体压电材料。材料内部的晶粒有许多自发极化的电畴，它有一定的极化方向，从而存在电场。在无外电场作用的情况下，电畴在晶体中杂乱分布，它们各自的极化效应被相互抵消，压电陶瓷内极化强度为 0。因此极化前的压电陶瓷呈中性，不具有压电性质，如图 2-32（a）所示。

在陶瓷上施加外电场时，电畴的极化方向发生转动，趋向于按外电场方向排列，从而使材料极化。外电场愈强，就有更多的电畴更完全地转向外电场方向。让外电场强度大到使材料的极化达到饱和的程度，即所有电畴极化方向都整齐地与外电场方向一致如图 2-32（b）所示。外电场撤销后，各电畴的自发极化在一定程度上按原外加电场方向取向，陶瓷极化强度并不立即恢复到 0，此时存在剩余极化强度。同时极化两端出现束缚电荷，一端为正，一端为负，如图 2-32（c）所示。

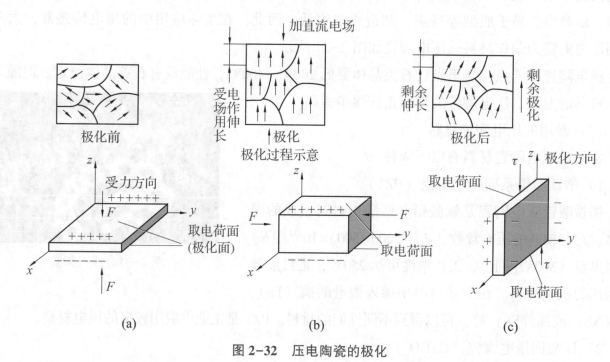

图 2-32　压电陶瓷的极化

（a）极化前；（b）极化过程中；（c）极化后

极化处理后陶瓷材料内部存在有很强的剩余极化，当陶瓷材料受到外力作用时，电畴的界限发生移动，电畴发生偏转，从而引起剩余极化强度的变化，因而在垂直于极化方向的平面上将出现极化电荷的变化。这种因受力而产生的由机械效应转变为电效应，将机械能转变为电能的现象，就是压电陶瓷的正压电效应。

当把电压表接到陶瓷片的两个电极上进行测量时，就无法测出陶瓷片内部存在的极化强度。这是因为由于束缚电荷的作用，在陶瓷片的电极面上吸附了一层来自外界的自由电荷。这些自由电荷与陶瓷片内的束缚电荷符号相反而数量相等，它起着屏蔽和抵消陶瓷片内极化强度对外界的作用。因此电压表不能测出陶瓷片内的极化程度，对外不呈现极性。

3. 有机压电材料

有机压电材料属于新一代的压电材料，主要有压电半导体和高分子压电材料。

典型的高分子压电材料有聚偏二氟乙烯（PVF2 或 PVDF）、聚氟乙烯（PVF）、改性聚氯乙烯（PVC）等。它是一种柔软的压电材料，可根据需要制成薄膜或电缆套管等形状。它不易破碎，具有防水性，可以大量连续拉制，制成较大面积或较长尺度。它的价格便宜，频率响应范围较宽，测量动态范围可达 80 dB。高分子压电材料外形如图 2-33 所示。

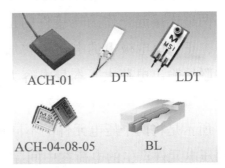

图 2-33　高分子压电材料外形

高分子压电材料的声阻抗约为 0.02 MPa/s，能够与空气的声阻抗较好地匹配，可以制成特大口径的壁挂式低音扬声器。它的工作温度一般低于 100 ℃。当温度升高时，其灵敏度将降低。而且它的机械强度不够高，耐紫外线能力较差，不宜暴晒，以免老化。

如果将压电陶瓷粉末加入高分子压电化合物中，制成高分子压电陶瓷薄膜，这种复合材料不仅保持了高分子压电薄膜的柔韧性，还具有压电陶瓷材料的优点，是一种很有发展前景的材料。在选用压电材料时应考虑其转换特性、机械特性、电气特性、温度特性等问题，以便获得最好的效果。高分子压电薄膜及电缆如图 2-34 所示。

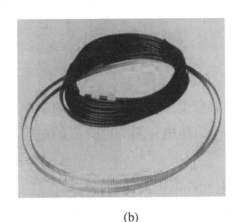

(a)　　　　　　　　　　　　　(b)

图 2-34　高分子压电薄膜及电缆

（a）高分子压电薄膜；（b）电缆

三、压电式传感器的测量转换电路

1. 压电元件常用连接形式

压电元件作为压电式传感器的敏感部件，单片压电元件产生的电荷量很小，在实际应用中，通常采用两片（或两片以上）同规格的压电元件黏合在一起，以提高压电式传感器的输出灵敏度。

由于压电元件所产生的电荷具有极性区分，相应的连接方法有两种，如图 2-35 所示。从作用力的角度看，压电元件是串接的，每片受到的作用力相同，产生的形变和电荷量大小也是一致的。

图 2-35（a）所示是将两个压电元件的负端黏合在一起，中间插入金属电极作为压电元件连接件的负极，将两边连接起来作为连接件的正极，这种连接方法称为并联法。与单片时相比，在外力作用下，正、负电极上的电荷量增加了一倍，总电容量增加了一倍，其输出电压与单片时相同。并联法输出电荷大、本身电容大、时间常数大，适宜测量慢变信号且以电荷作为输出量的场合。

图 2-35（b）所示是将两个压电元件的不同极性黏合在一起，这种连接方法称为串联法。在外力作用下，两压电元件产生的电荷在中间黏合处正、负电荷中和，上、下极板的电荷量 Q 与单片时相同，总电容量为单片时的一半，输出电压增大了一倍。

串联法输出电压大、本身电容小，适宜以电压作为输出信号且测量电路输入阻抗很高的场合。

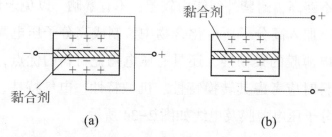

图 2-35　压电元件常用连接形式

（a）并联法；（b）串联法

2. 压电式传感器的等效电路

压电式传感器在受外力作用时，在两个电极表面将聚集电荷，且电荷量相等，极性相反。这时它相当于一个以压电材料为电介质的电容器，其电容量为

$$C_a = \varepsilon_r \varepsilon_0 A / \delta \tag{2-6}$$

式中：A——压电元件电极面面积；

δ——压电元件厚度；

ε_r——压电材料的相对介电常数；

ε_0——真空的介电常数。

因此，可以把压电式传感器等效为一个电压源，如图 2-36（a）所示，也可以等效成一个与电容相并联的电荷源，如图 2-36（b）所示。

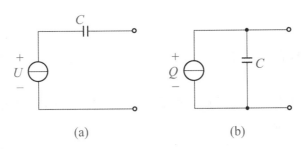

图 2-36　压电元件等效电路

（a）压电元件等效的电压源电路；（b）压电元件等效的电荷源电路

传感器内部信号电荷无"漏损"，当外电路负载无穷大时，压电式传感器受力后产生的电压或电荷才能长期保存，否则电路将以某时间常数按指数规律放电。这对于静态标定以及低频准静态测量极为不利，必然带来误差。事实上，传感器内部不可能没有泄漏，外电路负载也不可能无穷大，只有外力以较高频率不断地作用，传感器的电荷才能得以补充。因此，压电晶体不适用于静态测量。

3. 压电式传感器的测量电路

压电式传感器本身的内阻抗很高，而输出能量较小，因此它的测量电路通常需要接入一个高输入阻抗前置放大器。其作用：一是把它的高输出阻抗变换为低输出阻抗；二是放大传感器输出的微弱信号。

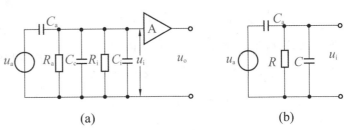

图 2-37　电压放大器电路原理图及其等效电路

（a）电压放大器电路原理图；（b）等效电路

压电式传感器的输出可以是电压信号，也可以是电荷信号，因此前置放大器也有两种形式，即电压放大器和电荷放大器，分别如图 2-37、图 2-38 所示。由于电压前置放大器的输出电压与电缆电容有关，故目前多采用电荷放大器。

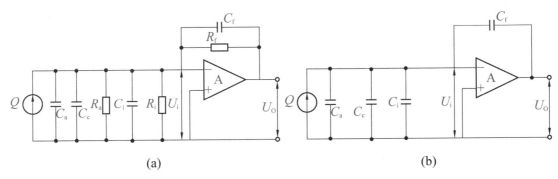

图 2-38　电荷放大器电路原理图及其等效电路

（a）电荷放大器电路原理图；（b）等效电路

电荷放大器是一种输出电压与输入电荷量成正比的前置放大器。压电元件可以等效为一个电容 C 和一个电荷源并联的形式，而电荷放大器实际上是一个具有深度电容负反馈的高增益运算放大器。

四、压电式传感器的应用

压电式传感器可用于动态力、压力、速度、加速度、振动等非电量的测量，可做成力感器、压力传感器、振动传感器等。

1. 压电式传感器测量力

压电式测力传感器是利用压电元件直接实现力—电转换的传感器，在拉、压场合，通常采用双片或多片石英晶体作为压电元件。其刚度大，测量范围宽，线性及稳定性高，动态特性好。当采用大时间常数的电荷放大器时，可测量准静态力。按测力状态划分，有单向、双向和三向传感器，它们在结构上基本一致。

图 2-39 为压电式单向测力传感器结构图。传感器用于机床动态切削力的测量。绝缘套用来绝缘和定位。基座内外底面对其中心线的垂直度、上盖及石英晶片、电极的上下底面的平行度与表面光洁度都有极严格的要求，否则会使横向灵敏度增加或使石英晶片因应力集中而过早破碎。为提高绝缘阻抗，传感器装配前要经

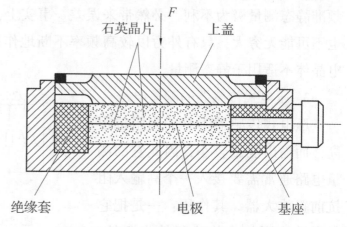

图 2-39　压电式单向测力传感器结构图

过多次净化（包括超声波清洗），然后在超净工作环境下进行装配，加盖之后用电子束封焊。

压电式压力传感器的结构类型有很多，但它们的基本原理与结构仍与压电式加速度传感器和压电式力传感器大同小异。不同点是，它必须通过弹性膜、盒等，把压力收集、转换成力，再传递给压电元件。为保证静态特性及其稳定性，通常多采用石英晶体作为压电元件。

2. 压电式传感器测量加速度

压电式加速度传感器是一种常用的加速度计。它的主要优点是灵敏度高、体积小、重量轻、测量频率上限高、动态范围大。但它易受外界干扰，在测量前须进行各种校验，图 2-40 所示是压电式加速度传感器的结构图。在两块表面镀银的压电晶片（石英晶体或压电陶瓷）间夹一片金属薄片，并引出输出信号的引线。在压电晶片上放置一块质量块，并用硬弹簧对压电元件施加预压缩载荷。静态预载荷的大小应远大于传感器在振动、冲击测试中可能承受的最大动应力。这样，当传感器向上运动时，质量块产生的惯性力使压电元件上的压应力增加；反之，当传感器向下运动时，压电元件上的压应力减小，从而输出与加速度成正比例的电信号。

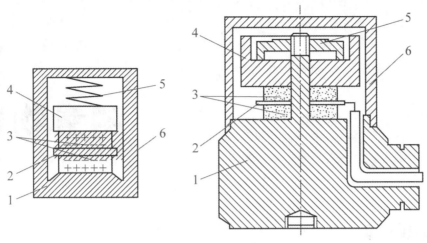

1—基座；2—电极；3—压电晶片；4—质量块；5—弹性元件；6—外壳。

图 2-40　压电式加速度传感器的结构图

传感器整个组件装在一个基座上，并用金属壳体加以封罩。为了隔离试件的任何应变传递到压电元件上去，基座尺寸较大。测试时传感器的基座与测试件刚性连接。当测试件的振动频率远低于传感器的谐振频率时，传感器输出电荷（或电压）与测试件的加速度成正比，经电荷放大器或电压放大器即可测出加速度。

3. 压电式传感器测量金属加工切削力

图 2-41 所示是压电式刀具切削力测量示意。由于压电陶瓷元件的自振频率高，所以特别适合测量变化剧烈的载荷。图中压电式传感器位于车刀前部的下方，当进行切削加工时，切削力通过刀具传给压电式传感器，压电式传感器将切削力转换为电信号输出，记录下电信号的变化便可测得切削力的变化。

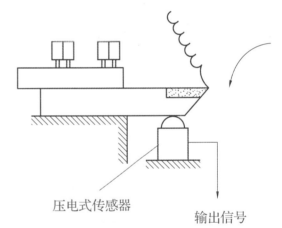

压电式传感器　　　　　输出信号

图 2-41　压电式刀具切削力测量示意

4. 压电陶瓷的其他应用

压电陶瓷的正压电效应主要用于燃气点火器，基本工作原理是，由外力压缩一个弹簧并释放，推动一个重锤打击压电陶瓷柱产生一数千伏的高压并形成放电火花，点燃可燃性气体。压电扬声器与压电野营点火器如图 2-42 所示。

逆压电效应主要用于压电蜂鸣器，其基本工作原理是，当压电陶瓷片施加交变电场时，

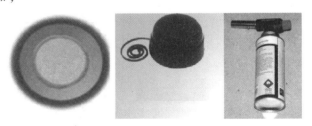

图 2-42　压电扬声器与压电野营点火器

压电陶瓷片产生形变即振动，如果振动频率在音频范围内就会发出声音。应用此特性可以制造谐振器、选频器、延迟线、滤波器等电子元件。

测量物体转速

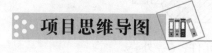

磁电式传感器概述

磁电感应式传感器工作原理 — 恒磁通式
　　　　　　　　　　　　 — 变磁通式

磁电式传感器测量物体转速

磁电式传感器的测量电路

磁电式传感器的应用 — 转速和振动的测量
　　　　　　　　　 — 扭矩测量

霍尔传感器基本原理 — 霍尔元件的工作原理
　　　　　　　　　 — 霍尔传感器的结构
　　　　　　　　　 — 霍尔元件基本特性

霍尔传感器的测量电路 — 基本电路
　　　　　　　　　　 — 霍尔元件的误差及其补偿

霍尔集成传感器 — 线性型霍尔集成传感器
　　　　　　　 — 开关型霍尔集成传感器

霍尔传感器测量物体转速

霍尔传感器的应用 — 霍尔传感器测转速
　　　　　　　　 — 霍尔传感器测电流
　　　　　　　　 — 霍尔无刷电动机
　　　　　　　　 — 霍尔传感器测量位移
　　　　　　　　 — 霍尔传感器测磁场(微磁场测量)
　　　　　　　　 — 霍尔传感器无触点开关
　　　　　　　　 — 霍尔接近开关

测量物体转速

光电式传感器 — 光电式传感器分类
　　　　　　 — 光电式传感器的基本形式

光电效应与光电器件 — 光电效应
　　　　　　　　　 — 外光电效应型光电器件
　　　　　　　　　 — 内光电效应型光电器件

光电式传感器测量物体转速

光电式传感器的应用 — 光电式传感器测量类型
　　　　　　　　　 — 光电比色计
　　　　　　　　　 — 光电转矩测量仪
　　　　　　　　　 — 光纤温度传感器
　　　　　　　　　 — 光电开关的应用
　　　　　　　　　 — 光电转速计
　　　　　　　　　 — 光敏电阻的应用

【知识目标】

（1）掌握磁电式传感器、霍尔传感器、光电式传感器的工作原理。

（2）掌握磁电式传感器、光电式传感器的分类及其作用。

（3）掌握霍尔传感器、光电式传感器的组成结构和材料。

（4）掌握接近开关的原理和应用。

（5）掌握光电器件的常见类型。

【技能目标】

（1）能够复述恒磁通和变磁通的方法。

（2）能够选择磁电式传感器、霍尔传感器、光电式传感器的适用场合。

（3）知道霍尔传感器的应用。

（4）能够结合生活、生产实际举例说明各类传感器的应用。

【素养目标】

（1）培养学生在遇到困境的时候，转换思路、知难而进、开拓创新的积极意识。

（2）培养学生养成团队合作，明白协同有助于调动团队成员的所有资源与才智，"合作共赢""协同创新"是团队发展、个体成长的必由之路。

任务 3.1　磁电式传感器测量物体转速

任务描述

转速是电动机一个极为重要的状态参数，很多运动系统的测控中，都需要对电动机的转速进行测量，速度测量的精度将直接影响系统的控制情况，它是关系测控效果的一个重要因素。不论是直流调速系统还是交流调速系统，只有转速的高精度检测才能得到高精度的控制系统。

在电动机的转速测量中，影响测量精度的主要因素有两个：一是采样点的多少，采样点越多，速度测量结果越精确，尤其是对于低转速的测量；二是采样频率，采样频率越高，采样的数据就越准确。

转速测量方法可以分为两类：一类是直接法，即直接观测机械或者电动机的机械运动，测量特定时间内机械旋转的圈数，从而测出机械运动的转速；另一类是间接法，即测量由于机械转动导致的其他物理量的变化，从这些物理量的变化与转速的关系来得到转速。同时从测速仪是否与转轴接触又可分为接触式和非接触式。目前，我国常用的测速方法有光电码盘测速法、霍尔元件测速法、磁电式测速法等。其中，磁电式测量转速是使用范围较广的一种，那么磁电式传感器的工作原理是什么？其结构、特点如何？这就是我们本任务的目标。

 **知识链接**

一、磁电式传感器概述

磁电式传感器又称感应式传感器或电动式传感器，是利用电磁感应原理将被测量（如振动、位移、转速等）转换成电信号的一种传感器。其不需要辅助电源，就能把被测对象的机械量转换成易于测量的电信号，是一种有源传感器。

磁电式传感器的特点：电路简单、性能稳定、输出功率大、输出阻抗小，具有一定的工作带宽（10~1 000 Hz），被广泛用于转速、振动、位移、扭矩等测量中。磁电式传感器的外形如图 3-1 所示。

图 3-1 磁电式传感器的外形

二、磁电感应式传感器工作原理

磁电式传感器根据工作原理，可分为感应式、霍尔式和磁敏式等。在本节中重点学习磁电感应式传感器。

磁电感应式传感器以电磁感应原理为基础，由法拉第电磁感应定律可知，N 匝线圈在磁场中运动切割磁力线或线圈所在磁场的磁通变化时，线圈中所产生的感应电动势 E（V）的大小取决于穿过线圈的磁通 Φ 的变化率，即

$$E = -N\frac{\mathrm{d}\Phi}{\mathrm{d}t} \tag{3-1}$$

磁通量的变化可以通过很多办法来实现，如磁铁与线圈之间做相对运动，磁路中磁阻的变化，恒定磁场中线圈面积的变化等，一般可将磁电感应式传感器分为恒磁通式和变磁通式两类。

1. 恒磁通式

恒磁通式磁电感应传感器结构中，工作气隙中的磁通恒定，感应电动势是由于永久磁铁与线圈之间有相对运动——线圈切割磁力线而产生。图 3-2 为恒磁通式磁电感应传感器结构，

它由永久磁铁、线圈、弹簧和金属骨架等组成。

磁路系统产生恒定的直流磁场，磁路中的工作气隙固定不变，故工作气隙中磁通是恒定不变的。根据运动部件的不同，恒磁通式磁电感应传感器分为动铁式和动圈式，动铁式磁电传感器一般用于测量线速度，动圈式磁电传感器一般用于测量角速度。

磁铁与线圈相对运动使线圈切割磁力线，产生与运动速度 v 成正比的感应电动势 E，其大小为

$$E = NBLv \tag{3-2}$$

式中：N——线圈在工作气隙磁场中的匝数；

　　　B——工作气隙磁感应强度；

　　　L——每匝线圈平均长度。

式（3-2）表明，当 B、N 和 L 恒定不变时，便可以根据感应电动势 E 的大小计算出被测线速度 v 的大小，从而测量速度。

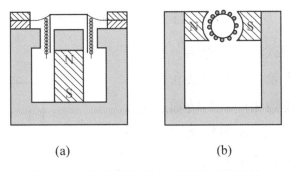

（a）　　　　　　　　　　（b）

图 3-2　恒磁通式磁电感应传感器结构

（a）动铁式；（b）动圈式

由理论推导可得，当振动频率低于传感器的固有频率时，这种传感器的灵敏度（E/v）是随振动频率变化而变化的；当振动频率远大于传感器的固有频率时，传感器的灵敏度基本上不随振动频率变化而变化，而近似为常数；当振动频率更高时，线圈阻抗增大，传感器灵敏度随振动频率增加而下降。

不同结构的恒磁通式磁电感应传感器的频率响应特性是有差异的，但一般频响范围为几十赫兹至几百赫兹，低的可到 10 Hz，高的可达 2 kHz。

2. 变磁通式

变磁通式磁电感应传感器线圈和磁铁部分都是静止的，与被测物连接而运动的部分是用导磁材料制成的。在运动中，其改变了磁路的磁阻，因而改变了贯穿线圈的磁通量，在线圈中产生感应电动势。

变磁通式磁电感应传感器一般做成转速传感器，产生感应电动势的频率作为输出，而电动势的频率取决于磁通变化的频率。变磁通式转速传感器的结构有开磁路和闭磁路两种。

图 3-3 为开磁路变磁通式转速传感器，其线圈、磁铁静止不动，测量齿轮安装在被测旋转体上，随被测体一起转动。每转动一个齿，齿的凹凸引起磁路磁阻变化一次，磁通也就变

化一次，线圈中产生感应电动势，其变化频率等于被测转速与测量齿轮上齿数的乘积。

变磁通式磁电感应传感器的特点：结构简单，但输出信号较小，且因高速轴上加装齿轮较危险而不宜在高转速的场合中使用。

开磁路变磁通式转速传感器结构比较简单，但输出信号小，另外当被测轴振动比较大时，传感器输出波形失真较大。故在振动强的场合往往采用闭磁路变磁通式转速传感器。

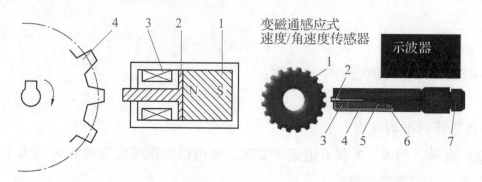

1—测量齿轮；2—软铁；3—线圈；4—外壳；5—永久磁铁；6—填料；7—插座。

图 3-3　开磁路变磁通式转速传感器

图 3-4 为闭磁路变磁通式转速传感器，它由装在转轴上的内齿轮、外齿轮、永久磁铁和感应线圈组成，内、外齿轮的齿数相同。当转轴连接到被测转轴上时，外齿轮不动，内齿轮随被测转轴而转动，内、外齿轮的相对转动使气隙磁阻产生周期性变化，从而引起磁路中磁通的变化，使线圈内产生周期性变化的感应电动势。显然，感应电动势的频率与被测转速成正比。

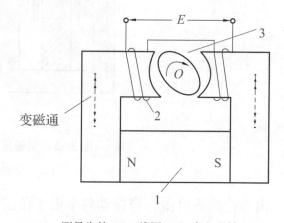

1—测量齿轮；2—线圈；3—永久磁铁。

图 3-4　闭磁路变磁通式转速传感器

【开拓创新】

归纳就会发现：无论传感器的类别是什么，其具体工作原理可能不同，但只要测量加速度，通常会用到质量块，要测量转速，通常会涉及齿轮。为什么？因为可以通过质量块将加速度转化为力，通过齿轮将转速转化为信号脉冲计数，转化后的量更容易被实现和测量。当一个问题难于解决或解决成本较高时，转化可能是促进问题更好解决的理想方法。我们在遇到困境的时候，多转换思路，要知难而进，具有开拓创新的积极意识。

三、磁电式传感器的测量电路

磁电式传感器直接输出感应电动势，且传感器通常具有较高的灵敏度，不需要高增益放大器。但磁电式传感器是速度传感器，若要获取被测位移或加速度信号，则需要配用积分或微分电路。磁电式传感器测量电路方框如图 3-5 所示。

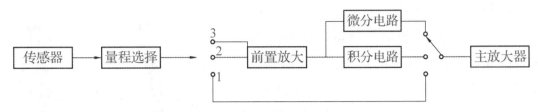

图 3-5 磁电式传感器测量电路方框

四、磁电式传感器的应用

1. 转速和振动的测量

磁电式传感器主要用于振动测量。其中，惯性传感器不需要静止的基座作为参考基准，它直接安装在振动体上进行测量，因而在地面振动测量及机载振动监视系统中获得了广泛的应用。

常用测量振动的传感器有动铁式振动传感器、动圈式振动速度传感器等。

航空发动机、各种大型电动机、空气压缩机、机床、车辆、轨枕振动台、化工设备、各种水、气管道、桥梁、高层建筑等，其振动监测与研究都可使用磁电式传感器。

图 3-6 所示是 CD-1 型振动速度传感器结构示意。其结构主要有钢制圆形壳体，里面用铝支架将圆形永久磁铁与外壳固定成一体，永久磁铁中间有一小孔，穿过小孔的芯轴两端架起工作线圈和圆形阻尼环，芯轴两端通过圆形弹簧片支撑架空且与外壳相连。

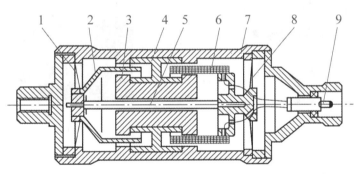

1、8—圆形弹簧片；2—圆形阻尼环；3—永久磁铁；

4—支撑架；5—芯轴；6—工作线圈；7—壳体；9—引线。

图 3-6　CD-1 型振动速度传感器结构示意

振动速度传感器结构的主要特点是，钢制圆形外壳，里面用铝支架将圆形永久磁铁与外壳固定成一体，永久磁铁中间有一小孔，穿过小孔的芯轴两端架起线圈和阻尼环，芯轴两端通过圆形膜片支撑架空且与外壳相连。

工作时，振动速度传感器与被测物体刚性连接。当物体振动时，传感器外壳和永久磁铁随之振动，而架空的芯轴、线圈和阻尼环因惯性而不随之振动。因而，磁路气隙中的线圈切割磁力线而产生正比于振动速度的感应电动势，线圈的输出通过引线输出到测量电路。该传感器测量的是振动速度参数，若在测量电路中接入积分电路，则输出电动势与位移成正比；若在测量电路中接入微分电路，则其输出电动势与加速度成正比。

2. 扭矩测量

图 3-7 所示是磁电式扭矩传感器的工作原理。在驱动源和负载之间扭转轴的两侧安装有齿形圆盘，它们旁边装有相应的磁电式传感器。当齿形圆盘旋转时，圆盘齿凸凹引起磁路气隙的变化，于是磁通量也发生变化，在线圈中感应出交流电压，其频率在数值上等于圆盘上齿数与转数的乘积。当扭矩作用在扭转轴上时，两个磁电式传感器输出的感应电

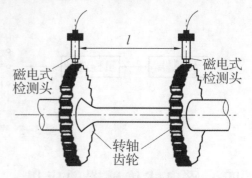

图 3-7　磁电式扭矩传感器的工作原理

压 u_1 和 u_2 存在相位差。这个相位差与扭转轴的扭转角成正比。这样传感器就可以把扭矩引起的扭转角转换成相位差的电信号。

磁电式传感器具有双向转换特性，其逆向功能同样可以利用。如果给速度传感器的线圈输入电量，那么其输出量即为机械量。

在惯性仪器如陀螺仪、加速度计中，广泛应用的动圈式或动铁式直流力矩器就是上述速度传感器的逆向应用。它在机械结构的动态实验中是非常重要的设备，用以获取机械结构的动态参数，如共振频率、刚度、阻尼、振动部件的振型等。陀螺仪与加速度计如图 3-8 所示。

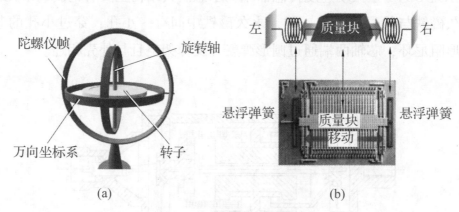

图 3-8　陀螺仪与加速度计

（a）陀螺仪；（b）加速度计

任务3.2　霍尔传感器测量物体转速

任务描述

汽车速度及里程仪表中的速度传感器是十分重要的部件。在汽车行驶过程中，控制器不断接收来自车速传感器的脉冲信号并进行处理，得到车辆瞬时速度并累计行驶路程。在这个系统中，常用霍尔式接近开关传感器作为测量车轮转速的传感器，对汽车行驶过程中的实时

速度进行采集。掌握霍尔传感器的工作原理、结构、特点就是我们本任务的目标。

知识链接

一、霍尔传感器基本原理

霍尔传感器是基于霍尔效应的一种传感器。1879 年，美国物理学家霍尔首先在金属材料中发现了霍尔效应，但由于金属材料的霍尔效应太弱而没有得到应用。随着半导体技术的发展，开始用半导体材料制成霍尔元件，由于它的霍尔效应显著从而得到应用和发展。

霍尔传感器广泛用于电磁测量、压力、加速度、振动等方面的测量，图 3-9 为霍尔传感器外形。

1. 霍尔元件的工作原理

霍尔发现，如果对位于磁场（B）中的导体施加一个电压（E），且该磁场的方向垂直于所施加电压的方向，那么在既与磁场垂直又和所施加电流方向垂直的方向上会产生另一个电压（U_H），人们将这个电压称为霍尔电压，产生的这种现象称为霍尔效应，该电动势称为霍尔电动势，上述半导体薄片称为霍尔元件。用霍尔元件做成的传感器称为霍尔传感器。霍尔效应的原理如图 3-10 所示。

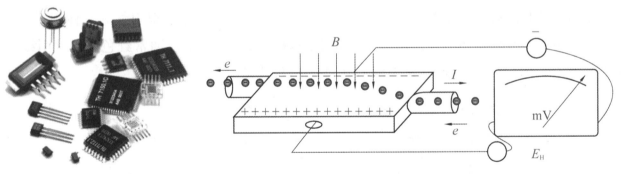

图 3-9　霍尔传感器外形　　　　　图 3-10　霍尔效应的原理

图 3-11 所示是一个 N 型半导体薄片的霍尔元件的霍尔效应原理图，霍尔元件长为 L、宽为 l、厚为 d。在垂直于该半导体薄片平面的方向上，施加磁感应强度为 B 的磁场，在薄片左右两端通以控制电流 I，N 型半导体的导电机制是自由电子沿着与控制电流 I 相反的方向运动，受力方向可由左手定则判定，即使磁力线穿过左手掌心，四指指向电流方向，则拇指所指向就是多数载流子所受洛伦兹力 F_L 的方向。由于洛伦兹力 F_L 的作用，自由电子会向一侧发生偏转（如图 3-11 中虚线所示），结果在半导体的前端面上电子积累带负电，而后端面缺少电子则带正电，在前、后端面间形成电场。该电场产生的电场力 F_E 阻止电子继续偏转。当 F_E 和 F_L 相等时，电子积累达到动态平衡。这时在半导体前、后两端面之间（即垂直于电流和磁场方向）建立电场，称为霍尔电场 E_H，相应的电动势称为霍尔电动势 U_H。

假设自由电子以匀速按图 3-11 所示的方向运动，则在磁感应强度为 B 的作用下，每个电

子所受到的洛伦兹力为

$$F_L = evB \qquad (3-3)$$

式中：F_L——洛伦兹力（N）；

   e——电子的电量，$e = 1.602 \times 10^{-19}$ C；

   v——半导体中电子的运动速度（m/s）；

   B——磁感应强度（Wb/m²）。

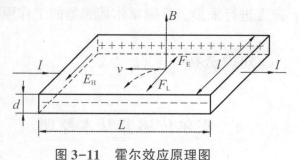

图 3-11　霍尔效应原理图

任何材料在一定条件下都能产生霍尔电动势，但不是所有材料都可以制造霍尔元件。绝缘材料电阻率很大，电子迁移率很小，不适用；金属材料电子浓度很高，R_H 很小，U_H 很小，故也不适用。半导体电子迁移率一般大于空穴的迁移率，所以霍尔元件多采用 N 型半导体（多电子）。

2. 霍尔传感器的结构

一般金属材料载流子迁移率很高，但电阻率很小；而绝缘材料电阻率极高，但载流子迁移率极低，故只有半导体材料适于制造霍尔片。目前，常用的霍尔元件材料有锗、硅、锑化铟、砷化铟等半导体材料。其中 N 型锗容易加工制造，其霍尔系数、温度性能和线性度都较好。N 型硅的线性度最好，其霍尔系数、温度性能同 N 型锗相近。锑化铟对温度最敏感，尤其在低温范围内温度系数大，但在室温时其霍尔系数较大。砷化铟的霍尔系数较小，温度系数也较小，输出特性线性度好。

霍尔元件是一种四端型器件，如图 3-12 所示，它由霍尔片、4 根引线和壳体组成。霍尔片是一块矩形半导体单晶薄片，尺寸一般为 4 mm×2 mm×0.1 mm。通常红色的两个引线 a、b 控制电流 I_C，两个绿色引线 c、d 为霍尔电动势 U_H 输出线。

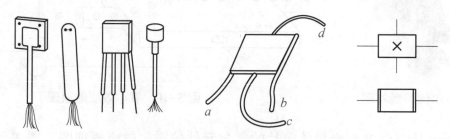

图 3-12　霍尔元件外形结构和图形符号

3. 霍尔元件基本特性

（1）线性特性与开关特性

线性特性与开关特性是霍尔电动势 U_H 与 I、B 呈线性关系（应用：磁通计）或在一定区域内随 B 的增加迅速增加（应用：直流无刷电动机的控制）的特性，如图 3-13 所示。

（2）不等位电阻

不等位电阻是未加磁场时，不等位电动势与相应电流的比值。产生原因：霍尔电极安装位置不对称或不在同一等电位上；半导体材料不均匀造成电阻率不均匀或几何尺寸不对称；激励电极接触不良造成激励电流不均匀分配。

（3）负载特性

负载特性是指当霍尔电极间接有负载时（阻抗非无穷大），有电流流过内阻产生压降，实际的霍尔电动势将比理论值略小。

（4）温度特性

温度特性是指半导体材料受温度影响大，将影响霍尔系数、电阻率、灵敏度等。

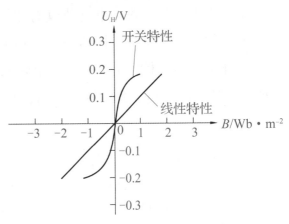

图 3-13　霍尔元件基本特性

二、霍尔传感器的测量电路

1. 基本电路

霍尔传感器的基本测量电路如图 3-14 所示，控制电流 I 由电源 E 提供，R 是调节电阻，用以根据要求改变 I 的大小；霍尔电动势输出端的负载电阻 R_L，可以是放大器的输入电阻或表头电阻等；所施加的外磁场 B 一般与霍尔元件的平面垂直。

在实际测量中，可以把 I 或 B 单独作为输入信号，也可以把两者的乘积作为输入信号，通过霍尔电动势输出得到测量结果。

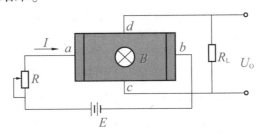

图 3-14　霍尔传感器的基本测量电路

2. 霍尔元件的误差及其补偿

（1）不等位电动势及其补偿

不等位电动势 U_M 是霍尔零位误差中最主要的一种。不等位电动势的产生是由于工艺没有将两个霍尔电极对称地焊在霍尔片的两侧，致使两电极点不能完全位于同一等位面上。此外霍尔片的电阻率不均匀、厚薄不均匀或控制电流电极接触不良都将使等位面歪斜，如图 3-15 所示，致使霍尔电极不在同一等位面上而产生不等位电动势。

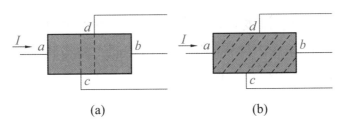

图 3-15　不等位电动势的产生

（a）霍尔引出电极安装不对称；（b）半导体材料不均匀

　　不等位电动势与霍尔电动势具有相同的数量级，有时甚至超过霍尔电动势，而实际中要消除不等位电动势是极其困难的，因而必须采用补偿的方法。霍尔元件可等效为一个四臂电桥，因此可在某一桥臂上并联一定电阻而将 U_M 降到最小，甚至为 0。如图 3-16 所示，给出了 3 种常用的不等位电动势的补偿电路，其中不对称补偿简单，而对称补偿温度稳定性好。

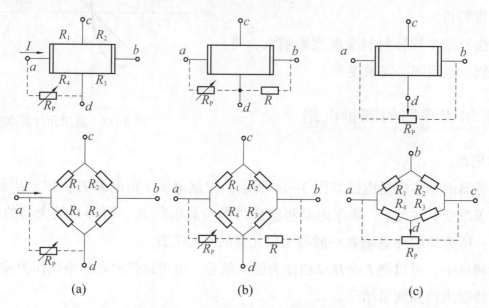

图 3-16　不等位电动势的补偿电路

　　（2）霍尔元件温度误差及其补偿

　　霍尔元件是采用半导体材料制成的，因此它们的许多参数都具有较大的温度系数。当温度变化时，霍尔元件的载流子浓度、迁移率、电阻率及霍尔系数都将发生变化。因此，霍尔元件的输入电阻、输出电阻、灵敏度等也将受到温度变化的影响，从而给测量带来较大的误差。

　　为了减小霍尔元件的温度误差，除选用温度系数小的元件或采用恒温措施外，也可以采取的温度补偿措施有采用恒流源供电、选取合适的分流电阻补偿、采用热敏元件补偿等。分流电阻补偿电路示意如图 3-17 所示。

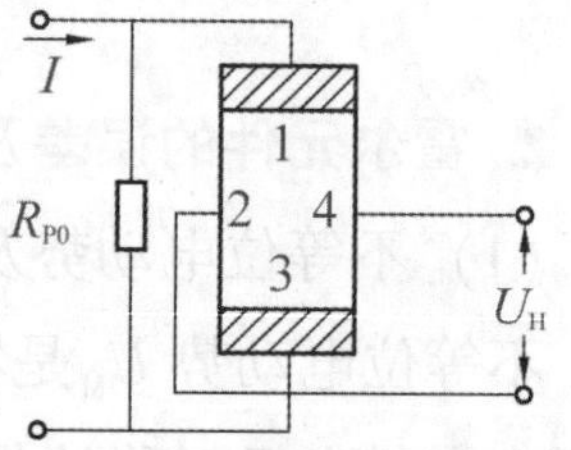

图 3-17　分流电阻补偿
电路示意

三、霍尔集成传感器

　　将霍尔敏感元件、放大器、温度补偿电路及稳压电源等集成于一个芯片上构成霍尔传感器。有些霍尔传感器的外形与 DIP 封装的集成电路相同，故也称为霍尔集成传感器，分为线性型霍尔集成传感器和开关型霍尔集成传感器。

1. 线性型霍尔集成传感器

　　线性型霍尔集成传感器是将霍尔元件和恒流源、线性差动放大器等做在一个芯片上，输出电压为伏级，比直接使用霍尔元件方便得多。较典型的线性型霍尔器件如 UGN3501 等。

　　这种线性型霍尔集成传感器的输出电压与外加磁场强度在一定范围内呈线性关系，广泛用于位置、力、重量、厚度、速度、磁场和电流等的测量、控制。这种传感器有单端输出和双端输出（差动输出）两种电路，如图3-18所示。

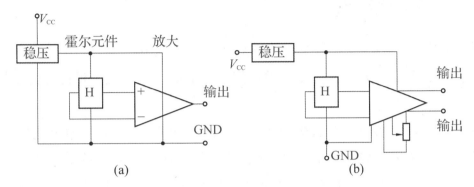

图3-18 线性型霍尔集成传感器结构

（a）单端输出；（b）双端输出

2. 开关型霍尔集成传感器

开关型霍尔集成传感器是将霍尔元件、稳压电路、放大器、施密特触发器、OC门（集电极开路输出门）等电路做在同一个芯片上。当外加磁场强度超过规定的工作点时，OC门由高阻态变为导通状态，输出变为低电平；当外加磁场强度低于释放点时，OC门重新变为高阻态，输出高电平。较典型的开关型霍尔器件如UGN3020等。开关型霍尔集成传感器的外形及内部电路如图3-19所示。

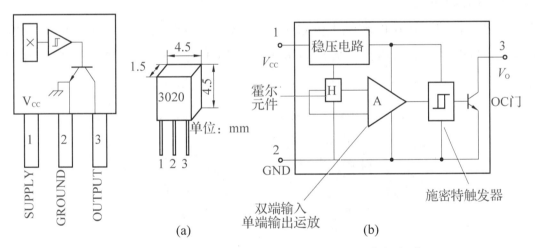

图3-19 开关型霍尔集成传感器的外形及内部电路

（a）外形；（b）内部电路

对开关型霍尔集成传感器，不论集电极开路输出还是发射极输出，其输出端均应接负载电阻，阻值的取值范围要以负载电流适于测量规范为标准。开关型霍尔集成传感器由于内设有施密特触发器，开关特性具有时滞性，因此有较好的抗噪声效果。

【团结协作】

霍尔集成传感器告诉我们：个体的力量总是渺小的、有限的，一个团队（组合）的力量远大于个体的力量；团队不仅强调个人的工作成果，更强调团队的整体业绩；合作、协同有助于调动团队成员的所有资源与才智，为达到既定目标而产生一股强大而持久的力量；"合作共赢""协同创新"是团队发展、个体成长的必由之路。

四、霍尔传感器的应用

霍尔电动势是关于 I、B、θ 3 个变量的函数，即 $U_H = S_H IB\cos\theta$。利用这个关系可以使其中两个量不变，将第 3 个量作为变量，或者固定其中一个量，其余两个量都作为变量。这使霍尔传感器有许多用途。

霍尔传感器优点：磁场敏感、结构简单、体积小、频率响应宽、输出电压变化大和使用寿命长等。因此，霍尔传感器在测量、自动化、计算机和信息技术等领域得到了广泛的应用。

迄今为止，已在现代汽车上广泛应用的霍尔器件有分电器上作信号传感器；汽车防抱死系统中的速度传感器；汽车速度表和里程表；液体物理量检测器；各种用电负载的电流检测及工作状态诊断；发动机转速及曲轴角度传感器；各种开关等。

霍尔器件通过检测磁场变化，转变为电信号输出，可用于监视和测量汽车各部件运行参数的变化，如位置、位移、角度、角速度、转速等，并可将这些变量进行二次变换；可测量压力、质量、液位、流速、流量等。霍尔器件输出量直接与电控单元接口，可实现自动检测。目前的霍尔器件都可承受一定的振动，可在 -40℃ ~ 150℃ 温度范围内工作，全部密封不受水油污染，完全能够适应汽车恶劣的工作环境。

1. 霍尔传感器测转速

霍尔转速表：在被测转速的转轴上安装一个齿盘，也可选取机械系统中的一个齿轮，将线性型霍尔器件及磁路系统靠近齿盘。齿盘的转动使磁路的磁阻随气隙的改变而周期性地变化，霍尔器件输出的微小脉冲信号经隔离、放大、整形后可以确定被测物的转速，如图 3-20 所示。

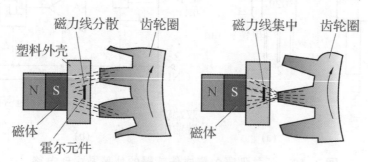

图 3-20 霍尔转速表示意图

当齿轮对准霍尔元件时，磁力线集中穿过霍尔元件，可产生较大的霍尔电动势，放大、整形后输出高电平；反之，当齿轮的空挡对准霍尔元件时，输出为低电平。

霍尔转速传感器在汽车防抱死系统中的应用如图 3-21 所示。若汽车在刹车时车轮被抱死，将产生危险。用带有微型磁铁的霍尔传感器，来检测车轮的转动状态将有助于控制刹车力的大小。只要黑色金属旋转体的表面存在缺口或突起，就可产生磁场强度的脉动，从而引起霍尔电动势的变化，从而产生转速信号。

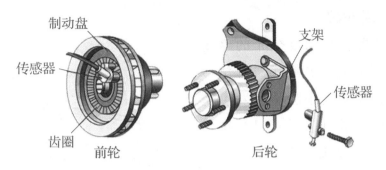

图 3-21 霍尔转速传感器在汽车防抱死系统中的应用

2. 霍尔传感器测电流

由霍尔元件构成的电流传感器具有测量为非接触式、测量精度高、不必切断电路电流、测量的频率范围广（从零到几千赫兹）、本身几乎不消耗电路功率等特点。霍尔电流传感器原理及外形如图 3-22 所示，用一环形（有时也可以是方形）导磁材料做成铁芯，套在被测电流流过的导线（也称电流母线）上，将导线中电流感生的磁场聚集在铁芯中。在铁芯上开一与霍尔传感器厚度相等的气隙，将线性型霍尔 IC（霍尔元件和放大电路的总称）集成电路紧紧地夹在气隙中央。电流母线通电后，磁力线就集中通过铁芯中的线性型霍尔 IC 集成电路，霍尔 IC 集成电路就输出与被测电流成正比的输出电压或电流。

另外如钳形电流表也是主要利用霍尔传感器进行交流、直流的测量。

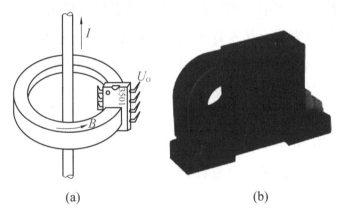

(a) (b)

图 3-22 霍尔电流传感器原理及外形

（a）霍尔电流传感器原理；（b）外形

3. 霍尔无刷电动机

霍尔无刷电动机取消了换向器和电刷，而采用霍尔元件检测转子和定子之间的相对位置，其输出信号经放大、整形后触发电子线路，从而控制电枢电流的换向，维持电动机的正常运转。由于霍尔无刷电动机不产生电火花及电刷磨损等问题，所以它在录像机、CD 唱机、光驱等家用电器中得到越来越广泛的应用。如图 3-23 所示，电动自行车中的电动机采用的就是霍尔无刷电动机。

图 3-23 电动自行车用的
霍尔无刷电动机

4. 霍尔传感器测量位移

将霍尔传感器放置在呈梯度分布的磁场中，通以恒定的控制电流，当传感器有位移时，元件上感知的磁场的大小随位移发生变化，从而使其输出 U_H 也产生变化，且与位移成比例。从原理上分析，磁场梯度越大，霍尔输出 U_H 对位移变化的灵敏度就越高，磁场梯度越均匀，则 U_H 对位移的线性度就越好。利用这一原理，霍尔传感器可用于测量压力。国产 YSH-1 型霍尔压力变送器便是基于这种原理设计的，其转换机构如图 3-24 所示。霍尔传感器安装在膜盒上，被测压力 P 的变化经弹性元件膜盒转换成霍尔元件的位移，再由霍尔元件将位移转换成电动势 U_H 输出，U_H 与被测压力 P 成比例。

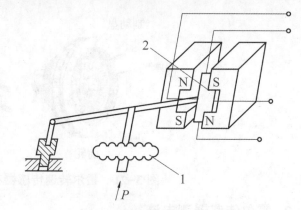

1—弹性元件膜盒；2—霍尔元件。

图 3-24　YSH-1 型霍尔压力变送器的转换机构

5. 霍尔传感器测磁场（微磁场测量）

磁场测量的方法有很多，其中应用比较普遍的是以霍尔元件做探头的特斯拉计（或高斯计、磁强计），锗和砷化镓霍尔元件的霍尔电动势温度系数小，线性范围大，适用于做测量磁场的探头。把探头放在待测磁场中，探头的磁敏感面要与磁场方向垂直。控制电流，由恒流源（或恒压源）提供，用电表或电位差计来测量霍尔电动势。根据 $U_H = K_H I_C B$，若控制电流 I_C 不变，则霍尔输出电动势 U_H 正比于磁感应强度 B，故可以利用霍尔电动势来测量磁场。利用霍尔元件测量弱磁场的能力，可以制作成磁罗盘，在宇航和人造卫星中得到应用。

6. 霍尔传感器无触点开关

键盘是电子计算机系统中一个重要的外部设备，早期的键盘大都采用机械接触式，在使用过程中容易产生抖动噪声，系统的可靠性较差。采用无触点开关，每个键上都有两小块永久磁铁，按下后，磁铁的磁场加在键下方的开关型集成霍尔传感器上，形成开关动作。由于开关型集成霍尔传感器具有时滞效应，故工作十分稳定可靠。这类键盘开关的功耗很低，动作过程中传感器与机械部件之间没有机械接触，使用寿命大大提高。

7. 霍尔接近开关

当磁铁的有效磁极接近，并达到动作距离时，霍尔接近开关动作。霍尔接近开关一般还配一块钕铁硼磁铁。

用霍尔 IC 也能完成接近开关的功能，但是它只能用于磁铁材料的检测，并且还需要建立一个较强的闭合磁场。在图 3-25 中，当磁铁随运动部件移动到距霍尔接近

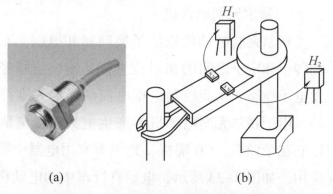

(a)　　　　　　　　(b)

图 3-25　霍尔接近开关实物和应用示意

（a）实物；（b）应用

开关几毫米时，霍尔 IC 的输出由高电平变为低电平，经驱动电路使继电器吸合或释放，控制运动部件停止移动（否则将撞坏霍尔 IC），从而起到限位的作用。

 任务 3.3　光电式传感器测量物体转速

任务描述

在工程实践中，会遇到各种需要测量转速的场合。例如，在发动机、电动机、卷扬机，机床主轴等旋转设备的试验、运转和控制中，常需要分时或连续测量并显示其总转速或瞬时转速。要测速，首先要解决采样问题。在使用模拟技术制作测速表时，常常使用测速发电机的方法，即将测速发电机的转轴与待测轴相连，测速发电机的电压高低反映了转速的高低。为了能精确地测量转速，需要保证测量的实时性，要求能测得瞬时转速。

测量转速的方法有模拟式和数字式两种。模拟式采用测速发电机为检测元件，得到的信号是模拟量；数字式通常采用光电编码器、霍尔、磁电等传感元件来检测，得到的信号是脉冲信号。随着传感技术的广泛应用，现今的转速测量普遍采用以它为核心的数字式测量方法。

利用光电式传感器如何对电动机、机械转轴的转速进行检测呢？光电式传感器工作原理是什么？其结构、特点如何？这就是本任务的内容。

知识链接

一、光电式传感器

光电式传感器（或称光敏传感器）是利用光电器件把光信号转换成电信号（电压、电流、电阻、电荷等）的装置。

光电式传感器具有结构简单、响应速度快、高精度、高分辨率、高可靠性、抗干扰能力强、可实现非接触式测量等特点。它能够直接检测光信号，间接测量温度、压力、位移、速度、加速度等。其发展速度快、应用范围广，具有很大的应用潜力。

最新的全球光纤传感器市场预测（2016—2026 年）报告称 2016 年全球光纤传感器消费值达到 33.8 亿美元，到 2026 年这一数值将达到 59.8 亿美元。此外，光纤传感器在航空航天的应用中快速增长，布拉格光栅等分布式光纤传感器的增长速度远超其他光纤传感器，在军事应用中（如无人机、导弹制导、导航、跟踪、机器人及航空飞行等）光纤陀螺仪将增长较快。

1. 光电式传感器分类

按照工作原理的不同，可将光电式传感器分为光电效应传感器、红外热释电探测器、固体图像传感器、光纤传感器 4 类。本任务以光电效应传感器为主进行介绍。

（1）光电效应传感器

光电效应传感器是应用光敏材料的光电效应制成的光敏器件。

光电效应：因光照引起物体电学特性改变的现象，包括光照射到物体上使物体发射电子，或电导率发生变化，或产生光生电动势等。

（2）红外热释电探测器

红外热释电探测器主要是利用辐射的红外光（热）照射材料时引起材料电学性质发生变化或产生热电动势原理制成的一类器件。

（3）固体图像传感器

固体图像传感器在结构上可分为两大类：一类是用 CCD 电荷耦合器件的光电转换和电荷转移功能制成的 CCD 图像传感器；另一类是用光敏二极管与 MOS 晶体管制成的将光信号变成电荷或电流信号的 MOS 金属氧化物半导体图像传感器。

（4）光纤传感器

光纤传感器利用发光管（LED）或激光管（LD）发射的光，经光纤传输到被检测对象，被检测信号调制后，光沿着光导纤维反射或送到光接收器，经接收解调后变成电信号。

2. 光电式传感器的基本形式

光电式传感器可用来测量光学量或已转换为光学量的其他被测量，输出电信号。测量光学量时，光电器件作为敏感元件使用；测量其他物理量时，其作为转换元件使用。

光电式传感器由光路和电路两大部分组成。光路部分实现被测信号对光量的调制；电路部分完成从光信号到电信号的转换。按测量光路组成来看，如图 3-2 所示，光电式传感器可分为 4 种基本形式：透射式光电传感器、反射式光电传感器、辐射式光电传感器、开关式光电传感器。

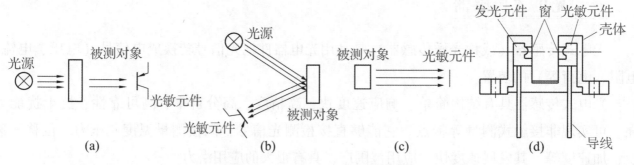

图 3-26　光电式传感器的类型

（a）透射式光电传感器；（b）反射式光电传感器；（c）辐射式光电传感器；（d）开关式光电传感器

二、光电效应与光电器件

1. 光电效应

光电效应是指当光照射在某些物体上时，光能量作用于被测物体而释放出电子，即物体吸收具有一定能量的光子后所产生的电效应。光电效应中所释放出的电子称为光电子，能产生光电效应的敏感材料称为光电材料。光电效应一般分为外光电效应和内光电效应两大类。根据光电效应可以制作出相应的光电转换元件，简称光电器件或光敏器件，它是构成光电式传感器的主要部件。

2. 外光电效应型光电器件

光电器件是将光能转变为电能的一种传感器件，是构成光电式传感器的主要部件。当光照射到金属或金属氧化物等光电材料上时，光子的能量传给光电材料表面的电子，如果入射到表面的光能使电子获得足够的能量，则电子会克服正离子对它的吸引力，脱离材料表面而进入外界空间，这种现象称为外光电效应，即外光电效应是在光线作用下，电子逸出物体表面的现象。根据外光电效应制作的光电器件称为外光电效应型光电器件，其可分为光电管和光电倍增管。

（1）光电管

光电管有真空光电管和充气光电管两类。真空光电管的结构与测量电路如图3-27所示，它由一个阴极（K极）和一个阳极（A极）构成，并且密封在一只真空玻璃管内。阴极装在玻璃管内壁上，其上面涂有光电材料，或者在玻璃管内装入柱面形金属板，在此金属板内壁上涂有阴极光电材料。阳极通常用金属丝弯曲成矩形或圆形或金属丝柱，置于玻璃管的中央。在阴极和阳极之间加一定的电压，且阳极为正极、阴极为负极。当光通过光窗照在阴极上时，光电子就从阴极发射出去，在阴极和阳极之间电场的作用下，光电子在极间做加速运动，被高电位的中央阳极收集形成电流，光电流的大小主要取决于阴极灵敏度和入射光辐射的强度。

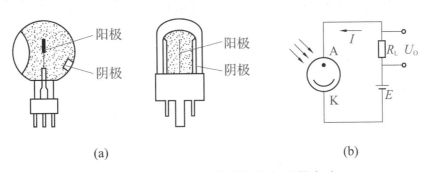

（a）　　　　　　　　　　　（b）

图3-27　真空光电管的结构与测量电路

（a）结构；（b）测量电路

真空光电管与充气光电管的结构相同，充气光电管内充有少量的惰性气体如氩或氖，当其阴极被光照射后，光电子在飞向阳极的途中和气体的原子发生碰撞，使气体电离，电离过程中产生的新电子与光电子一起被阳极接收，正离子向反方向运动而被阴极接收，因此增大了光电流，通常能形成数倍于真空光电管的光电流，从而使光电管的灵敏度增加。但充气光电管的光电流与入射光强度不成比例关系，因而使其具有稳定性较差、惰性大、温度影响大、容易衰老等缺点。随着半导体光电器件的发展，真空光电管已逐步被半导体光电器件所替代，半导体光电器件具有价格低、稳定性好、使用方便等优点。

由于材料的逸出功不同，所以不同材料的光电阴极对不同频率的入射光有不同的灵敏度，人们可以根据检测对象是可见光还是紫外光而选择不同阴极材料的光电管。目前，紫外光电管在工业检测中多用于紫外线测量、火焰监测等，而可见光较难引起光电子的发射。

（2）光电倍增管

因光电管的灵敏度较低，而光电倍增管具有很高的灵敏度，故在微光测量中通常采用光电倍增管。光电倍增管是把微弱的光输入转换成电子，并使电子获得倍增的电真空器件。它有放大光电流的作用，灵敏度非常高，信噪比大，线性好。

光电倍增管的外形和结构如图 3-28 所示。光电倍增管由真空管壳内的光电阴极 K、阳极 A 以及位于其间的若干个倍增极 $D_1 \sim D_6$ 构成。工作时在各电极之间加上规定的电压。当光或辐射照射阴极时，阴极发射光电子，光电子在电场的作用下逐级轰击次级发射倍增极，在末级倍增极形成数量为光电子的 $10^6 \sim 10^8$ 倍的次级电子。众多的次级电子最后被阳极收集，在阳极电路中产生可观的输出电流。

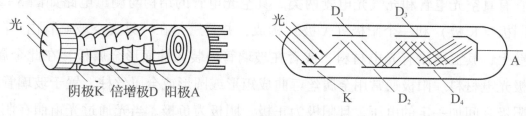

阴极K　倍增极D　阳极A

图 3-28　光电倍增管的外形和结构

通常光电倍增管的灵敏度比光电管要高出几万倍，在微光下就可以产生可观的电流。例如，其可用来探测高能射线产生的辉光等。由于光电倍增管具有很高的灵敏度，因此使用时应注意避免强光照射而损坏光电阴极。但由于光电倍增管是玻璃真空器件，体积大、易破碎，工作电压高达上千伏，所以目前已逐渐被新型半导体光敏元件所取代。

3. 内光电效应型光电器件

内光电效应是指物体受到光照后所产生的光电子只在物体内部运动，而不会逸出物体的现象。内光电效应多发生于半导体内，可分为因光照引起半导体电阻率变化的光电导效应和因光照产生电动势的光生伏特效应两种。光电导效应是指物体在入射光能量的激发下，其内部产生光生载流子（电子-空穴对），使物体中载流子数量显著增加而电阻减小的现象。这种效应在大多数半导体和绝缘体中都存在，但金属因电子能态不同，故不会产生光电导效应。

光生伏特效应是指光照在半导体中激发出的光电子和空穴在空间分开而产生电位差的现象，是将光能变为电能的效应。光照在半导体 P-N 结或金属-半导体接触面的两侧会产生光生电动势，这是因为 P-N 结或金属-半导体接触面因材料不同或不均匀而存在内建电场，半导体受光照激发产生的电子或空穴会在内建电场的作用下向相反方向移动和积聚，从而产生电位差。

基于光电导效应的光电器件有光敏电阻；基于光生伏特效应的光电器件典型的有光电池，光敏二极管、光敏三极管、光敏晶闸管也是基于光生伏特效应的光电器件。

（1）光敏电阻

光敏电阻又称光导管，是基于内光电效应的光电器件，是一种均质半导体光电器件。它具有灵敏度高、光谱响应范围宽、体积小、重量轻、机械强度高、耐冲击、耐振动、抗过载能力强和寿命长等特点。

光敏电阻由一块两边带有金属电极的光电半导体组成，电极和半导体之间呈欧姆接触，使用时在它的两电极上施加直流或交流工作电压，如图 3-29 所示。在无光照射时，光敏电阻 R_G 呈高阻态，回路中仅有微弱的暗电流通过；在有光照射时，光敏材料吸收光能，使电阻率变小，R_G 呈低阻态，从而在回路中有较强的亮电流通过。实际上是光敏电阻的阻值随照度发生了变化。

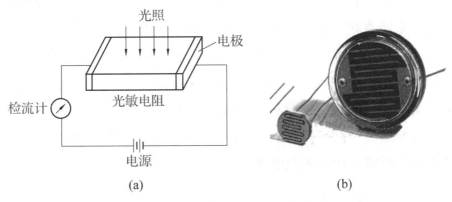

图 3-29　光敏电阻原理图和外形

（a）原理图；（b）外形

光照越强，光敏电阻的阻值越小，亮电流越大。如果将该亮电流取出，经放大后即可作为其他电路的控制电流。当光照射停止时，光敏电阻又逐渐恢复原值呈高阻态，电路又只有微弱的暗电流通过。

制作光敏电阻的材料种类有很多，如金属的硫化物、硒化物和锑化物等半导体材料。目前生产的光敏电阻主要是硫化镉，为提高其光灵敏度，在硫化镉中再掺入铜、银等杂质。为避免外来干扰，光敏电阻外壳的入射孔用一种能透过所要求光谱范围的透明保护窗（如玻璃），有时用专门的滤光片作保护窗。为了避免其灵敏度受潮湿的影响，将电导体严密封装在壳体中。

常见的光导材料如表 3-1 所示。

表 3-1　常见的光导材料

光电导器件材料	禁带宽度/eV	光谱响应范围/nm	峰值波长/nm
硫化镉（CdS）	2.45	400~800	515~550
硒化镉（CdSe）	1.74	680~750	720~730
硫化铅（PbS）	0.4	500~3 000	2 000

续表

光电导器件材料	禁带宽度/eV	光谱响应范围/nm	峰值波长/nm
碲化铅（PbTe）	0.31	600～4 500	2 200
硒化铅（PbSe）	0.25	700～5 800	4 000
硅（Si）	1.12	450～1 100	850
锗（Ge）	0.66	550～1 800	1 540
锑化铟（InSb）	0.16	600～7 000	5 500
砷化铟（InAs）	0.33	1 000～4 000	3 500

（2）光电池

光电池实质上是一个电压源，是利用光生伏特效应把光能直接转换成电能的光电器件。由于它广泛用于把太阳能直接转变成电能，因此也称为太阳能电池。一般来说，能用于制造光电阻器件的半导体材料均可用于制造光电池，如硒光电池、硅光电池等。

光电池结构示意如图 3-30 所示。硅光电池是在一块 N 型硅片上，用扩散的方法掺入一些 P 型杂质形成 P-N 结。硒光电池是在铝片上涂硒（P 型），再用溅射的工艺，在硒层上形成一层半透明的氧化镉（N 型），在正、反两面喷上低融合金作为电极。在光线照射下，镉材料带负电，硒材料带正电，形成电动势或光电流。

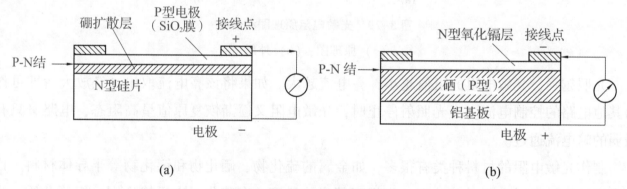

图 3-30　光电池结构示意

（a）硅光电池；（b）硒光电池

光电池的图形符号、基本电路及等效电路如图 3-31 所示。

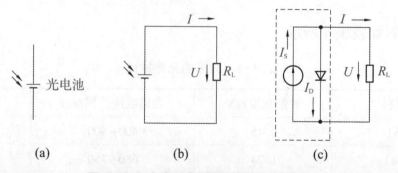

图 3-31　光电池的图形符号及其电路

（a）光电池的图形符号；（b）基本电路；（c）等效电路

光电池的种类有很多，有硅光电池、硒光电池、锗光电池、砷化镓光电池、氧化亚铜光电池等，但最受人们重视的是硅光电池。这是因为它具有性能稳定、光谱响应范围宽、频率特性好、转换效率高、能耐高温辐射、价格便宜、寿命长等特点。

（3）光敏管

大多数半导体二极管和晶体管都是对光敏感的，当二极管和晶体管的 P-N 结受到光照射时，通过 P-N 结的电流将增大。因此，常规的二极管和晶体管都用金属罐或其他壳体密封起来，以防光照；而光敏管（包括光敏二极管和光敏三极管）则必须使 P-N 结能接收最大的光照射。光电池与光敏二极管、光敏三极管都是 P-N 结，它们的主要区别在于前者的 P-N 结处于反向偏置，无光照时反向电阻很大、反向电流很小，相当于截止状态。当有光照时将产生光生的电子-空穴对，在 P-N 结电场作用下电子向 N 区移动，空穴向 P 区移动，形成光电流。

光敏管包括光敏二极管、光敏三极管、光敏晶闸管，它们的工作原理是基于内光电效应。光敏三极管的灵敏度比光敏二极管高，但频率特性较差，目前广泛应用于光纤通信、红外线遥控器、光电耦合器、控制伺服电动机转速的检测、光电读出装置等场合。光敏晶闸管主要应用于光控开关电路。

1）光敏二极管

光敏二极管通常处于反向偏置状态。当没有光照射时，其反向电阻很大，反向电流很小，这种反向电流称为暗电流。光敏二极管在电路中的图形符号及其测量电路如图 3-32 所示。光敏二极管的 P-N 结装在透明管壳的顶部，可以直接受到光的照射。使用时要反向接入电路中，即正极接电源负极，负极接电源正极，即光敏二极管在电路中处于反向偏置状态。

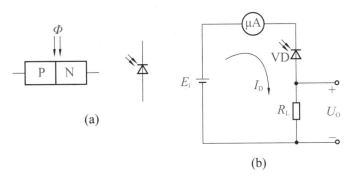

图 3-32　光敏二极管的图形符号及其测量电路

（a）光敏二极管的图形符号；（b）测量电路

无光照时，与普通二极管一样，其反向电阻很大，电路中仅有很小的反向饱和漏电流，称暗电流；当有光照射时，P-N 结受到光子的轰击，激发形成光生电子，因此在反向电压作用下，反向电流大大增加，形成光电流。光照越强，光电流越大，即反向偏置的 P-N 结受光照控制。光电流方向与反向电流一致。

2）光敏三极管

光敏三极管结构与普通三极管一样，有 PNP 型和 NPN 型，它们都有两个 P-N 结，也有电流增益。多数光敏三极管的基极没有引出线，如图 3-33 所示。在电路中，反偏的集电结受光照控制，光电转换原理同光敏二极管，产生的光电流相当于普通三极管的基极电流。因而在集电极上则产生 β 倍的光电流，所以光敏三极管比光敏二极管有着更高的灵敏度。

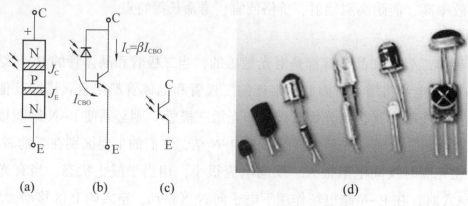

图 3-33　光敏三极管

（a）结构图；（b）等效电路；（c）图形符号；（d）外形

3）光敏晶闸管

光敏晶闸管（LCR）又称光控晶闸管。光敏晶闸管的特点是工作电压很高，有的可达数百伏，导通电流比光敏三极管大得多，因此输出功率很大，在自动检测控制和日常生活中应用越来越广泛。

光敏晶闸管结构同普通晶闸管一样，有 3 个引出电极，即阳极 A、阴极 K 和门极 G；有 3 个 P-N 结，即 J_1、J_2、J_3，如图 3-34 所示。在电路中，J_1、J_3 正偏，J_2 反偏，反偏的 P-N 结在透明管壳的顶部，相当于受光照控制的光敏二极管。当光照射在 J_2 上时，其产生的光电流相当于普通的晶闸管的门极电流，当光电流大于某一阈值时，光敏晶闸管触发导通。

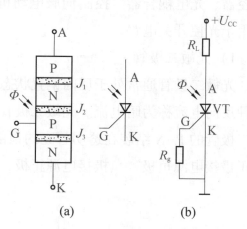

图 3-34　光敏晶闸管

（a）结构；（b）图形符号

三、光电式传感器的应用

1. 光电式传感器测量类型

光电式传感器由光源、光学器件和光电器件组成光路系统，并结合相应的测量转换电路而构成。按照被测物、光源和光电器件 3 者之间的关系，光电式传感器通常有以下 4 种类型。

①光源本身是被测物，被测物发出的光投射到光电器件上，光电器件的输出反映了某些物理参数，如图 3-35（a）所示，如光电式高温比色温度计、照相机照度测量装置和光照度表等均运用了这种原理。

②恒定光源发出的光通量穿过被测物，其中一部分被吸收，另一部分投射到光电器件上，

吸收量取决于被测物的某些参数，如图 3-35（b）所示，如透明度、混浊度的测量均运用了这种原理。

③恒定光源发出的光通量投射到被测物上，然后从被测物反射到光电器件上，光的强弱取决于被测物表面的性质和形状，如图 3-35（c）所示。这种原理应用在测量加工零件表面的粗糙度、纸张的白度等方面。

④被测物处在恒定光源与光电器件的中间，被测物阻挡住一部分光通量，从而使光电器件的输出反映了被测物的尺寸或位置，如图 3-35（d）所示。这种原理可用于检测工件尺寸大小、工件的位置、振动等场合。

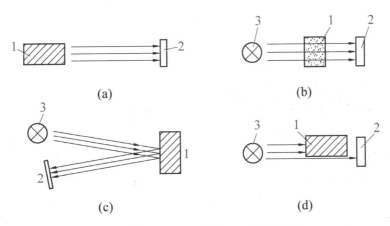

1—被测物；2—光电器件；3—恒定光源。

图 3-35 光电式传感器的 4 种形式

2. 光电比色计

光电比色计是用于化学分析的仪器，其工作原理如图 3-36 所示。光束分为两束强度相等的光线，其中一路光线通过标准样品，另一路光线通过被检测样品，左、右两路光程的终点分别装有两个相同的光电器件，如光电池等。光电器件给出的电信号同时送给检测放大器，放大器后边接指示仪表，其指示值正比于被检测样品的某个指标，如颜色、浓度或浊度等。由于使用同一光源，不管光线强弱如何，光源光通量不稳定带来的变化可以被抵消，故其测量精度高。但两光电池的性能不可能完全一样，因此会带来一定误差。

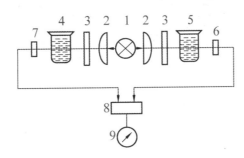

1—光源；2—光透镜；3—滤色镜；4—标准样品；5—被检测样品

6、7—光电池；8—差动放大电路；9—指示仪表。

图 3-36 光电比色计工作原理

3. 光电转矩测量仪

光电转矩测量仪如图 3-37 所示，光栅盘采用有机玻璃材质，其上刻制数量相等的黑色条纹。当无转矩作用时，光栅盘 1 的透光部位对准光栅盘 2 的黑色部分，此时测量仪无信号；当有转矩作用时，转轴扭转，光栅盘间有角度，透光窗口，转矩成正比。

4. 光纤温度传感器

半导体光吸收型光纤传感器的测量范围随半导体材料和光源而变，一般在 -100℃ ~ 300℃温度范围内进行测量，响应时间约为 2 s。光纤温度传感器如图 3-38 所示。

光纤温度传感器的特点：体积小、结构简单、时间响应快、工作稳定、成本低、便于推广应用。

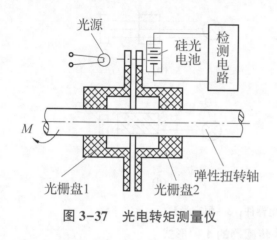

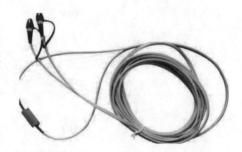

图 3-37   光电转矩测量仪   图 3-38   光纤温度传感器

5. 光电开关的应用

光电开关的应用非常广泛，如图 3-39 所示，可以用于控制机械手在有物料的时候抓住物料；也可以检测自动流水线上是否缺料并对所缺物料计数；还可以检测流水线上螺钉的长度，如果过长或过短则按不合格产品，把它推出，同时上面的探头检测是否有螺钉；还能在纺织过程中检测纺线是否断开，如果纺线断开则报警。

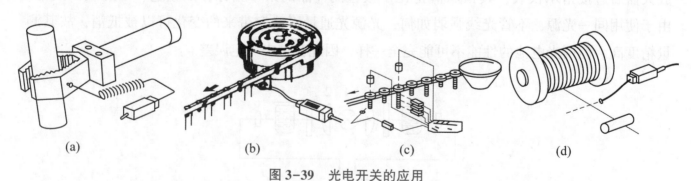

图 3-39   光电开关的应用

（a）机械手控制；（b）缺料检测或计数；（c）螺钉长度和有关的检测；（d）断线检测

6. 光电转速计

光电转速计分为透射式和反射式两大类，它们都由光源、光路系统、调制器和光电器件组成，如图 3-40 所示。调制器的作用是把连续光调制成光脉冲信号，它可以是一个带有均匀分布的多个小孔（缝隙）的圆盘，也可以是一个涂上黑白相间条纹的圆盘。当安装在被测转轴上的调制器随被测转轴一起旋转时，利用圆盘的透光性或反射性把被测转速调制成相应的光脉冲。当光脉冲照射到光电器件上时，即产生相应的电脉冲信号，从而把被测转速转换成电脉冲信号。

图 3-40（a）是透射式光电转速计的原理。当被测转轴旋转时，其上的圆盘调制器将光信号透射至光电器件，转换成相应的电脉冲信号，经放大整形电路输出 TTL 电平的脉冲信号，转速可由该脉冲信号的频率来决定。图 3-40（b）是反射式光电转速计的原理。当被测转轴转动时，反光与不反光交替出现，光电器件接收光的反射信号，并转换成电脉冲信号。

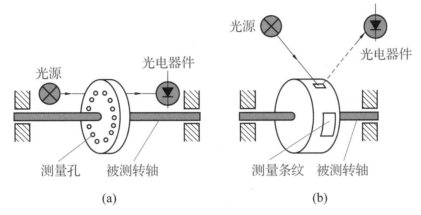

图 3-40 光电转速计原理

（a）透射式；（b）反射式

7. 光敏电阻的应用

这里以火灾探测报警器应用为例。图 3-41 为以光敏电阻为敏感探测元件的火灾探测报警器电路，在 1 mW/cm² 照度下，硫化铅光敏电阻的暗电阻阻值为 1 MΩ，亮电阻阻值为 0.2 MΩ，峰值响应波长为 2.2 μm，与火焰的峰值辐射光谱波长接近。

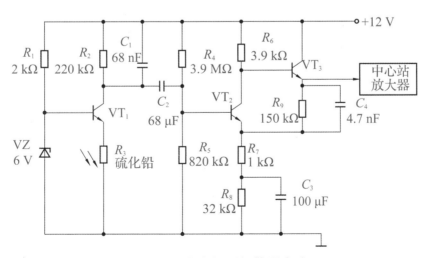

图 3-41 火灾探测报警器电路

由 VT_1、电阻 R_1、R_2 和稳压二极管 VZ 构成对光敏电阻 R_3 的恒压偏置电路，该电路在更换光敏电阻时只要保证光电导灵敏度不变，则输出电路的电压灵敏度就不会改变，可保证前置放大器的输出信号稳定。当被探测物体的温度高于燃点或被探测物体被点燃而发生火灾时，火焰将发出波长接近于 2.2 μm 的辐射（或"跳变"的火焰信号），该辐射光将被硫化铅光敏电阻接收，使前置放大器的输出跟随火焰"跳变"信号，并经电容 C_2 耦合，由 VT_2、VT_3 组成的高输入阻抗放大器放大。放大的输出信号再送给中心站放大器，由其发出火灾报警信号或自动执行喷淋等灭火动作。

测量液位高度

 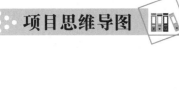

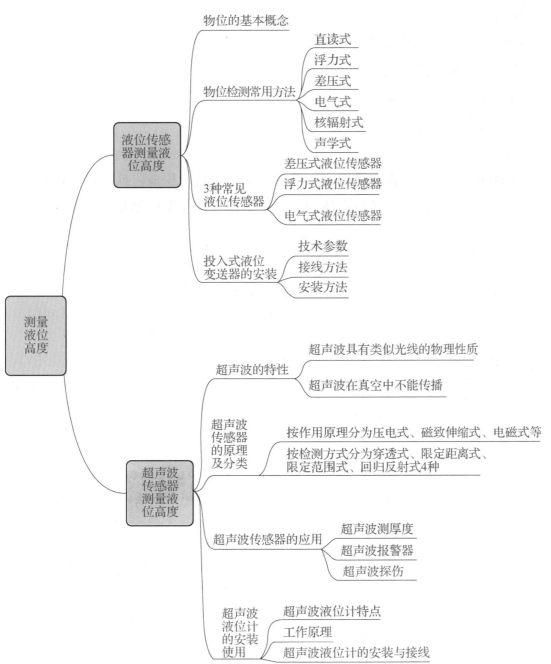

测量液位高度
- 液位传感器测量液位高度
  - 物位的基本概念
  - 物位检测常用方法
    - 直读式
    - 浮力式
    - 差压式
    - 电气式
    - 核辐射式
    - 声学式
  - 3种常见液位传感器
    - 差压式液位传感器
    - 浮力式液位传感器
    - 电气式液位传感器
  - 投入式液位变送器的安装
    - 技术参数
    - 接线方法
    - 安装方法
- 超声波传感器测量液位高度
  - 超声波的特性
    - 超声波具有类似光线的物理性质
    - 超声波在真空中不能传播
  - 超声波传感器的原理及分类
    - 按作用原理分为压电式、磁致伸缩式、电磁式等
    - 按检测方式分为穿透式、限定距离式、限定范围式、回归反射式4种
  - 超声波传感器的应用
    - 超声波测厚度
    - 超声波报警器
    - 超声波探伤
  - 超声波液位计的安装使用
    - 超声波液位计特点
    - 工作原理
    - 超声波液位计的安装与接线

项目教学目标

【知识目标】

（1）理解物位基本概念，掌握物位检测的分类。

（2）理解差压式液位传感器的工作原理。

（3）理解浮力式液位传感器的工作原理。

（4）理解电气式液位传感器分类和工作原理。

（5）理解超声波的应用、超声波传感器的分类与基本结构。

（6）掌握超声波传感器的测量方法。

【技能目标】

（1）能够选择液位传感器类型进行液位测量。

（2）能够安装和使用投入式液位变送器。

（3）能够选择超声波传感器类型。

（4）能够安装和使用防腐超声波液位计。

【素养目标】

（1）通过激励学生奋斗的青春最美丽，培养学生正能量、积极拼搏的奋斗精神。

（2）学习超声波传感器，发扬胡杨精神，让学生自立自强发展创新，敢于突破。

任务4.1　液位传感器测量液位高度

任务描述

在油气储运过程中，精确测定储油大罐中的液位高度，是正确计算储油量、确定库存、计算输量的重要措施。

在油气生产中，特别是在油气集、储运系统中，石油、天然气与伴生污水要在各种生产设备和罐器中分离、存储与处理，物位的测量与控制，对于保证正常生产和设备安全是至关重要的，否则就会产生重大的事故。

例如，油罐液位测量如果控制不好，则会出现抽空或溢油"冒顶"事故；油气分离器液位偏高或偏低会出现"跑油""窜气"事故，严重影响后序设备的生产和安全。

液位测量是利用液位传感器将非电量的液位参数转换为便于测量的电量信号，通过电信号的计算和处理，从而确定液位的高低。

在工程应用方面，液位测量包括对液位、液位差、界面的连续监测、定点信号报警、控制等。例如，火力电厂锅炉汽泡水位的测量和控制；低温领域如液氮、液氢等液体在各种低温容器或储槽中液面位置的监测和报警。在现代化生产中，对液位的监视和控制是极其重要的。

测量液位的目的有两个：一是液体贮藏量的管理；二是为了安全方面的管理或自动化的需要。前一种要求精度高，后一种要求可靠性高。有时液位的测量只要求提供从某液位开始是升了或是降了的信息就足够了，把这种用途的液位传感器称为液位开关。大部分液位的测量是罐内自由液位的测量，但也有把两种互相不混合液体的边界面、液体中的沉淀物的高度，以及粉状物体的堆积高度等作为液面的测量对象。

汽车油箱的油量多少直接关系可持续行车的里程，是驾驶员需要知道的重要参数。我们可以从汽车的仪表盘的油量指示表读出油箱油量，那么油量是如何测量的呢？这就要用到液位传感器。那么液位传感器工作原理是什么？其结构、特点如何？这就是本任务的内容。

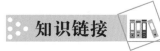

一、物位的基本概念

物位：容器中的液体介质的液位、固体的料位或颗粒物的料位和两种不同液体介质分界面的总称。

液位：容器中的液体介质的高低。

料位：容器中固体或颗粒状物质的堆积高度。

界位：两种不溶液体介质的分界面的高低。

二、物位检测常用方法

按测量方式可以将物位检测方法分为连续测量和定点测量。按其工作原理将物位检测方法分为以下 6 种类型。

①直读式：根据流体的连通性原理来测量液位，如玻璃管液位计，如图 4-1（a）所示。

②浮力式：根据浮子高度随液位高低而改变或液体对浸沉在液体中的浮筒（或称沉筒）的浮力随液位高度变化而变化的原理来测量液位；前者称为恒浮力式，后者称为变浮力式。

③差压式（静压式）：根据液柱或物料堆积高度变化对某点上产生的差（静）压力的变化的原理测量物位，如法兰式差压变送器，如图 4-1（b）所示。

④电气式：根据把物位变化转换成各种电量变化的原理来测量物位。

⑤核辐射式：根据同位素射线的核辐射透过物料的强度随物质层的厚度变化而变化的原理来测量液位。

⑥声学式：根据物位变化引起声阻抗和反射距离变化来测量物位。

在物位检测中，差压式和浮力式检测方法是最常用的。其优点是结构简单、工作可靠、精度较高等；缺点是不适用于高黏度介质或易燃、易爆等危险性较大的介质的液位检测。

图4-1 直读式和差压式物位检测方法

（a）玻璃管液位计；（b）法兰式差压变送器

三、3种常见液位传感器

1. 差压式液位传感器

差压式液位传感器是利用压力法依据液体重量所产生的压力测量液位。由于液体对容器底面产生的静压力与液位高度成正比，因此通过测量容器中液体的压力即可测算出液位高度。

对常压开口容器，液位高度H与液体静压力P之间有如下关系，即

$$H = \frac{P}{\rho g}$$

对于密闭容器中的液位测量，可用差压法进行测量。它可在测量过程中消除液面上部气压及气压波动对示值的影响。差压式液位传感器测量原理如图4-2所示。

为了解决测量具有腐蚀性或含有结晶颗粒以及黏度大、易凝固等液体液位时引压管线被腐蚀、被堵塞的问题，应使用在导压管入口处加隔离膜盒的法兰式差压变送器，如图4-3所示。

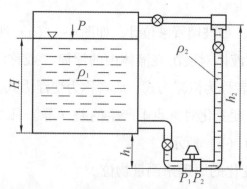

图4-2 差压式液位传感器测量原理

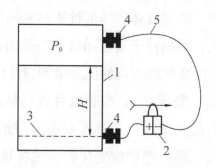

1—容器；2—差压计；3—液位零面；

4—法兰；5—毛细管。

图4-3 法兰式差压变送器示意

法兰式差压变送器的敏感元件为隔离膜盒,它直接与被测介质接触,省去引压导管,从而克服导管的腐蚀和阻塞问题。膜盒经毛细管与变送器的测量室相通,它们所组成的密闭系统内充以硅油,作为传压介质。为了使毛细管经久耐用,其外部均套有金属蛇皮保护管。法兰式差压变送器的外形如图4-4所示。

图 4-4　法兰式差压变器的外形

2. 浮力式液位传感器

浮力式液位检测分为恒浮力式检测与变浮力式检测。

恒浮力式检测的基本原理是测量漂浮于被测液面上的浮子(也称浮标)随液面变化而产生的位移。变浮力式检测是利用沉浸在被测液体中的浮筒(也称沉筒)所受的浮力与液面位置的关系检测液位。

(1) 浮球液位传感器

电动浮球液位变送器是浮球液位传感器的一种,其测量部分由浮球、平衡杆和平衡锤组成,因此浮球可以自由地随液位的变化而升降。当液位改变时,浮球的位置发生相应的变化,通过球杆带动主轴转动,表头内角位移传感器与主轴通过齿轮啮合,将液位的变化转换成相应的电信号。电动浮球液位变送器的外形如图4-5所示。

(2) 磁性浮子液位传感器

磁性浮子液位传感器主要由本体部分、就地指示器、远传变送器以及上、下限液位报警器等组成。磁性浮子液位传感器通过与工艺容器相连的筒体内浮子随液面(或界面)上、下移动,由浮子内的磁钢利用磁耦合原理驱动磁性翻板指示器,用红、蓝两色(液红气蓝)直观地指示出工艺容器内的液位或界位,如图4-6所示。

智能表头　模拟表头

图 4-5　电动浮球液位变送器的外形

图 4-6　磁性浮子液位传感器的外形

（3）浮筒式液位传感器

浮筒式液位传感器属于变浮力液位传感器。当被测液面位置发生变化时，浮筒浸没体积发生变化，所受浮力也相应发生变化，通过测量浮力变化确定出液位的变化量，如图4-7所示。

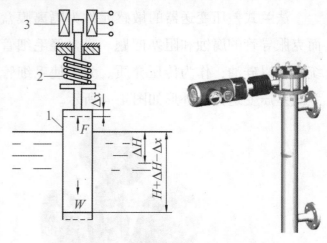

1—浮筒；2—弹簧；3—差动变压器。

图4-7　浮筒式液位传感器原理图和实物

3. 电气式液位传感器

电气式液位传感器按工作原理的不同可分为电阻式、电感式和电容式。用电学法测量无摩擦件和可动部件，具有传送方便、便于远传、工作可靠的优点，且输出可转换为统一的电信号，与电动单元组合仪表配合使用，可方便地实现液位的自动检测和自动控制。下面主要介绍电阻式液位计和电容式液位计两种电气式液位传感器。

（1）电阻式液位计

电阻式液位计既可进行定点液位控制，也可以连续测量。定点液位控制是指液位上升或下降到一定位置时引起电路的接通或断开，引发报警器报警。电阻式液位计的原理是由于液位变化引起电极间电阻变化，由电阻变化反映液位情况。

该液位计的两根电极是两根材料、截面积相同的具有大电阻率的电阻棒，电阻棒两端固定并与容器绝缘。用于连续测量的电阻式液位计原理如图4-8所示。

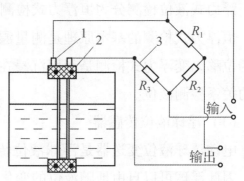

1—电阻棒；2—绝缘套；3—测量电桥。

图4-8　电阻式液位计原理图

（2）电容式液位计

电容式液位计利用液位高低变化影响电容的电容量大小的原理进行测量。电容式液位计的结构形式有很多，如平极板式、同心圆柱式等。

电容式液位计是把被测非电量转换为电容量变化的一种传感器，它具有高阻抗、小功率、动态范围大、响应速度快、零漂小、结构简单、适应性强等优点，但它具有分布电容影响严重的缺点。它的适用范围非常广泛，对介质本身性质的要求不像其他方法那样严格，对导电介质和非导电介质都能测量，此外还能测量有倾斜晃动及高速运动的容器的液位，不仅可作为液位控制器，还能用于连续测量。

在物理学中我们知道，彼此绝缘而又相距很近的两个极板（导体）可组成一个电容式传感器，即平行板电容器如图4-9所示。其电容量为

$$C = \frac{\varepsilon S}{\delta} = \frac{\varepsilon_0 \varepsilon_r S}{\delta}$$

（4-1）

式中：S——两极板正对面积；

　　　δ——极板间距离；

　　　ε——极板间介质的介电常数；

　　　ε_0——真空介电常数，$\varepsilon_0 = 8.85 \times 10^{-12}$ F/m；

　　　ε_r——介质的相对介电常数，$\varepsilon_r = \varepsilon / \varepsilon_0$，空气的相对介电常数 $\varepsilon_r = 1$。

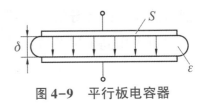

图4-9　平行板电容器

由式（4-1）可得，当被测量变化使 S、δ、ε_r 中的任一参数发生变化时，电容 C 就发生变化，可以将该参数的变化转换为电容量的变化。

在实际应用中，可以利用电容量的变化来进行某些物理量的测量。例如，改变 δ 和 S 可以反映位移或角度的变化，从而间接测量压力、弹力等的变化；改变 ε_r 则可以反映厚度、温度的变化。

电容式传感器通常可以分为变面积型——改变两极板正对面积；变极距型——改变极板间距离；变介质型——改变介质的介电常数，如图4-10所示。

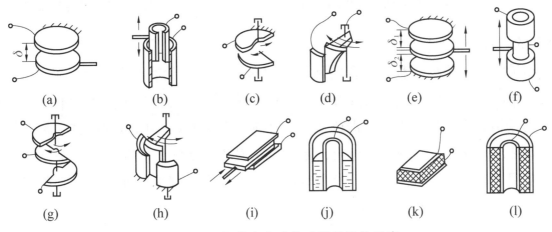

图4-10　各种电容式传感器的结构示意

（a）变极距 δ 型；（b）变面积型 A 型；（c）变面积型 A 型；（d）变面积型 A 型；

（e）变极距 δ 型；（f）变面积型 A 型；（g）变面积型 A 型；（h）变面积型 A 型；

（i）变介电常数 ε 型；（j）变介电常数 ε 型；（k）变介电常数 ε 型；（l）变介电常数 ε 型

图4-10中，变极距 δ 型有图4-10（a）、图4-10（e）；变介电常数 ε 型有图4-10（i）~图4-10（l）；变面积型 A 型有图4-10（b）~图4-10（h）。

电容式油量检测系统如图4-11所示。它由电容式液位计、电阻—电容电桥、放大器、两相电动机、减速器及显示装置等组成。电容式液位计作为电桥的一个臂，C_0 为标准电容器，R_1、R_2 为标准电阻，R_P 为调整电桥平衡的电位器，它的转轴与显示装置同轴连接并经减速器由电动机带动，电容式液位计外形如图4-12所示。

当油箱无油时，电容式液位计的电容量 $C_x = C_0$，调节 R_P 的滑动臂位于 0 点，即 R_P 的电阻值为 0，此时，电桥满足 $C_0 / C_x = R_1 / R_2$ 的平衡条件，电桥输出电压为 0，伺服电动机不转动，油量表指针偏转角 $\theta_b = 0$。

电容式液位计要注意进行屏蔽和接地；增加初始电容值，降低容抗；导线间分布电容有静电感应，因此导线和导线要离得远些，线要尽可能短些，最好成直角排列，若采用平行排列时可采用同轴屏蔽线；尽可能只有一点接地，避免多点接地。

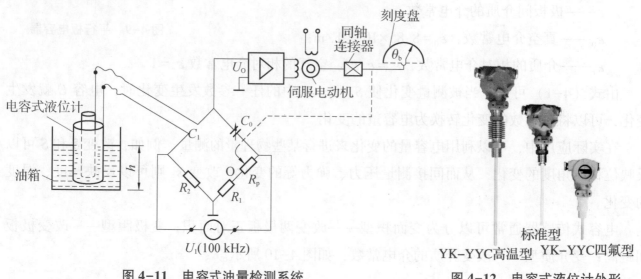

图 4-11 电容式油量检测系统   图 4-12 电容式液位计外形

【奋斗的青春最美丽】

液位测量的方法千种万种，适合实际的才是最好的，它给我们的启示：作为青年学生，大家正处于学习知识、增长才干的美好年华；奋斗的青春，是"长风破浪会有时，直挂云帆济沧海"的豪情壮志，是"千磨万击还坚劲，任尔东西南北风"的坚韧顽强，是"仰天大笑出门去，我辈岂是蓬蒿人"的自信担当，是"雄关漫道真如铁，而今迈步从头越"的昂首向前；青春是用来奋斗的，志存高远，紧跟时代，不畏艰险，脚踏实地，以蓬勃朝气投身实现国家富强、民族复兴的伟大事业，奋斗的青春最美丽。

四、投入式液位变送器的安装

1. 技术参数

投入式液位变送器的技术参数如下。

型号：ELE-803；

精度等级：±0.5%；

稳定性：优于±0.2%FS/年；

探头材料：不锈钢；

传输方式：二线制；

重量：1 442 g。

投入式液位变送器也是一种压力变送器，是一种将压力变量转换为可传送的标准化输出信号的计量器具，而且其输出信号与压力变量之间有一给定的连续函数关系（通常为线性函数），主要用于工业过程压力参数的测量和控制。投入式液位变送器外形如图 4-13 所示。

选用型号时要确认测量压力的类型和确认测量范围。压力类型主要有表压、绝压、差压等。表压是指以大气压力为基准，小于或大于大气压力的压力；绝压是指以绝对压力零位为基准，高于绝对压力零位的压力；差压是指两个压力之间的差值。选用时确认测量范围，一般情况下，按实际测量压力为测量范围的 80% 选取。

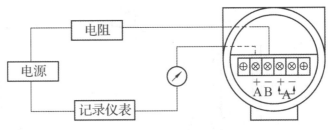

图 4-13　投入式液位变送器外形

2. 接线方法

接线盒和结构如图 4-14 所示。接线示意如图 4-15 所示。

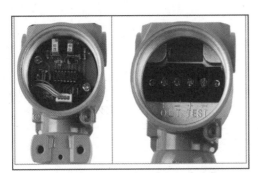

图 4-14　接线盒和结构

图 4-15　接线示意

3. 安装方法

（1）在静水中安装

在水池中的安装方法：为防止水泵打水时的冲击抖动或损坏变送器，应将变送器远离液体出入口安装。水池中安装示意如图 4-16 所示。

在深井中的安装方法：一般用插钢管的方法，要求钢管不能打弯，内径必须大于 35 mm，易上下提动变送器，在钢管的不同高度上打若干小孔，以便水通畅进入管内，必要时，可在变送器上缠绕钢丝，用钢丝上下提动，以免拉断电缆。深井中安装示意如图 4-17 所示。

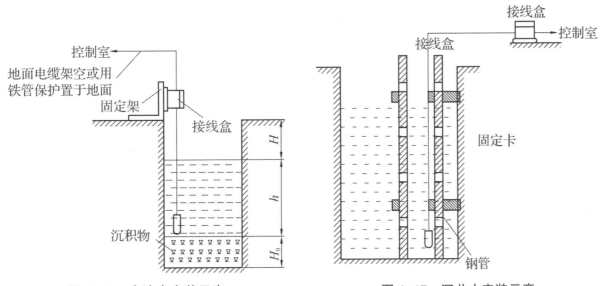

图 4-16　水池中安装示意　　　　　图 4-17　深井中安装示意

（2）在动水中安装

在动水中安装时须加静水装置。安装方法如下。

方法一：在水道中插入钢管，要求钢管壁稍厚一些，并在其上不同高度打若干小孔，以阻尼水波和消除动水压力的影响。动水中安装示意如图 4-18 所示。

方法二：若为清水域的沙石水床，以浅埋为好。浅埋安装示意如图 4-19 所示。

方法三：采用气包、阻尼和浅埋安装的方式，安装示意如图 4-20 所示。该方法既能消除水流压力和波浪的影响又能起到过滤浊水泥沙的作用。

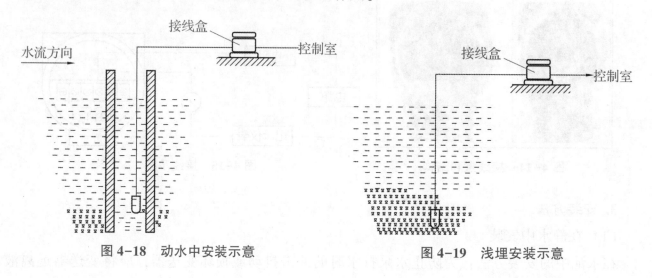

图 4-18 动水中安装示意　　　　　图 4-19 浅埋安装示意

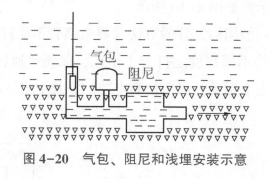

图 4-20 气包、阻尼和浅埋安装示意

 任务 4.2　超声波传感器测量液位高度

 **任务描述**

在工业生产中，经常会使用各种密闭容器来储存高温、有毒、易挥发、易燃、易爆和强腐蚀性等液体介质，这些容器的液位检测必须使用非接触式测量方法。超声波传感器属于非接触测量，可以避免直接与液体接触，避免液体损坏传感器探头，并且反应速度快。那么超声波传感器是如何进行液位测量的呢？

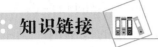 知识链接

一、超声波的特性

声波是一种传递信息的机械波，它与机械振动密切相关，可以由物体的撞击、运动所产生的机械振动以波的形式向外传播。根据振动所产生波的频率高低可分为可闻声波、次声波和超声波，高于 20 kHz 的声波称为超声波。声波的频率界限如图 4-21 所示。

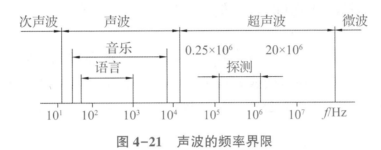

图 4-21 声波的频率界限

（1）超声波具有类似光线的物理性质

①超声波的传播类似于光线，遵循几何光学的规律，具有反射、折射、聚焦等现象，因此可以利用这些性质进行测量、定位、探伤和加工处理等。在传播中，超声波的速度与声波相同。

②超声波的波长很短，与发射器、接收器的几何尺寸相当，由发射器发射出来的超声波不向四面八方发散，而成为方向性很强的波束，波长越短方向性越强，因此可用于探伤、水下探测，有很高的分辨能力，能分辨出非常微小的缺陷或物体。

③能够产生窄的脉冲，为了提高探测精度和分辨率，要求探测信号的脉冲极窄，但是一般脉冲宽度是波长的几倍（如果要产生更窄的脉冲则在技术上是有困难的）。超声波波长短，因此可以作为窄脉冲的信号发生器。

④功率大，超声波能够产生并传递强大的能量。当超声波作用于物体时，物体的分子也要随着运动，其振动频率和作用的声波频率一样，频率越高，分子运动速度越快，物体获得的能量正比于分子运动速度的平方。超声频率高，故可以给出大的功率。

（2）超声波在真空中不能进行传播

超声波必须通过气体、液体、固体或者三者的组合体作为介质。通常情况下，声波在空气中的传播速度约为 344 m/s。根据声源在介质中施力方向与声波传播方向的不同，声波的波形也不同，通常有以下 3 种。

①纵波：质点的振动方向与波的传播方向一致的波，能在固体、液体和气体中传播。

②横波：质点的振动方向垂直于传播方向的波，只能在固体中传播。

③表面波：质点的振动介于纵波与横波之间，沿表面传播，振幅随深度增加而迅速衰减

的波。

从上述分类可以看出，只有纵波可以在气体中传播。因此，目前在空气中的超声波测量系统大多依靠纵波来实现。而实际测量用的超声波主要集中在频率为 40 kHz 的范围内。其中，靠近低频段主要用于空气和液体介质中的测量，中频和高频段主要用于固体介质中的测量。这主要是由于介质对声波能量的吸收随声波频率的升高而增加，频率越高，声波在介质中衰减就越快。而在固体介质中，测量的量程比较短（如超声波探伤、测工件厚度等）；在液体和气体中，测量的量程比较长（如空气中的超声波测距、海洋中测深度等）。因此，气体和液体中测量所选择的声波频率就要比固体介质中低。

二、超声波传感器的原理及分类

超声波传感器是实现声、电转换的装置，又称超声换能器或超声波探头。这种装置能发射超声波和接收超声波回波，并转换成相应的电信号。目前，常见的超声波发射和接收器件的标称频率一般为 40 kHz，频率取得太低，外界杂音干扰较多，而太高则在传播过程中衰减较大。

按作用原理不同，超声波传感器可分为压电式、磁致伸缩式、电磁式等数种，其中压电式最为常用。超声波传感器主要材料有压电晶体（电致伸缩）及镍铁铝合金（磁致伸缩）两类。电致伸缩的材料有锆钛酸铅（PZT）等。其在原理上是利用压电陶瓷材料在电能与机械能之间相互转换的功能。超声波探头外形如图 4-22 所示。

图 4-22　超声波探头外形

压电陶瓷晶片传感器一般采用双压电晶片制成，如图 4-23所示。其需要用的压电材料较少，价格低廉且非常适用于气体和液体介质中。当压电陶瓷晶片加有大小和方向不断变化的交流电压时，根据压电效应，就会使压电陶瓷晶片产生机械变形，这种机械变形的大小与外加电压的大小成正比。也就是说，在压电陶瓷晶片上加有频率为 f 的电压脉冲，晶片就会产生同频

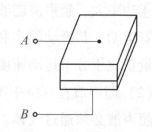

图 4-23　双压电晶片示意

率的机械振动。这种机械振动推动空气等媒质，便会发出超声波。同理，如果在压电陶瓷晶片上有超声波作用，则将会使其产生机械变形，这种机械变形使压电陶瓷晶片产生频率与超声波相同的电信号。当在 AB 间施加交流电压时，若上片的电场方向与极化方向相同，则下面

的电场方向分极化方向相反。因此，上、下一伸一缩，形成超声波振动。压电陶瓷晶片有一个固有谐振频率，即中心频率 f_0。当发射超声波时，加在其上面的交变电压频率要与它的固有谐振频率一致；当接收超声波时，作用在它上面的超声机械波的频率也要与它的固有谐振频率一致。这样，超声波传感器才有较高的灵敏度。当所用压电材料不变时，改变压电陶瓷晶片的几何尺寸，就可以非常方便地改变其固有谐振频率。

超声波传感器由压电陶瓷晶片、锥形谐振板、底座、端子、金属壳及金属网构成，如图4-24所示。其中，压电陶瓷晶片是传感器的核心；锥形谐振板使发射和接收超声波的能量集中，并使传感器有一定的指向角；金属壳可防

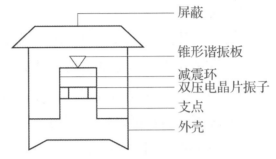

图 4-24 超声波传感器结构示意

止外界力量对压电陶瓷晶片及锥形谐振板的损伤；金属网也是起保护作用的，但不影响发射和接收超声波。

超声测距传感器按其探测距离可以分为大、中、小3种量程。其中，小量程探测距离小于2 m，工作频率为 60~300 kHz；中量程探测距离为 2~10 m，工作频率为 40~60 kHz；大量程探测距离约 20~50 m，工作频率为 16~30 kHz。

超声波传感器按照检测方式可分为穿透式、限定距离式、限定范围式、回归反射式4种。穿透式是指发送器和接收器分别位于两侧，当被检测对象从它们之间通过时，根据超声波的衰减（或遮挡）情况进行检测。限定距离式是指发送器和接收器位于同一侧，当限定距离内有被检测对象通过时，根据反射的超声波进行检测。限定范围式是指发送器和接收器位于限定范围的中心，反射板位于限定范围的边缘，并以无被检测对象遮挡时的反射波衰减值作为基准值，当限定范围内有被检测对象通过时，根据反射波的衰减情况（将衰减值与基准值比较）进行检测。回归反射式是指发送器和接收器位于同一侧，以检测对象（平面物体）作为反射面，根据反射波的衰减情况进行检测。

三、超声波传感器的应用

超声波传感技术应用在生产实践的不同方面，而医学应用是其主要的应用之一，下面以医学为例说明超声波传感技术的应用。超声波在医学上的应用主要是诊断疾病，它已经成为临床医学中不可缺少的诊断方法。超声波诊断的优点：对受检者无痛苦、无损害、方法简便、显像清晰、诊断的准确率高等。因而易于推广，受到医务工作者和患者的欢迎。超声波诊断可以基于不同的医学原理，我们来看看其中具有代表性的一种所谓的 A 型方法。这个方法是利用超声波的反射。当超声波在人体组织中传播遇到两层声阻抗不同的介质界面时，在该界面就会产生反射回声。每遇到一个反射面，回声就会在示波器的屏幕上显示出来，而两个界面的阻抗差值也决定了回声振幅的高低。

在工业方面，超声波的典型应用是对金属的无损探伤和超声波测厚两种。过去，许多技术因为无法探测到物体组织内部而受到阻碍，超声波传感技术的出现改变了这种状况。当然，更多的超声波传感器是固定地安装在不同的装置上，"悄无声息"地探测人们所需要的信号。在未来的应用中，超声波将与信息技术、新材料技术结合起来，出现更多的智能化、高灵敏度的超声波传感器。

超声波距离传感器技术应用：超声波对液体、固体的穿透本领很大，尤其是在不透明的固体中，可穿透几十米的深度。超声波碰到杂质或分界面会产生显著反射形成反射回波，碰到活动物体则能产生多普勒效应。因此，超声波检测广泛应用在工业、国防、生物医学等方面。超声波距离传感器可以广泛应用在物位（液位）监测、机器人防撞、各种超声波接近开关，以及防盗报警等相关领域，其工作可靠，安装方便，防水，发射夹角较小，灵敏度高，方便与工业显示仪表连接，同时提供发射夹角较大的探头。

1. 超声波测厚度

超声波测量金属的厚度，具有测量精度高、测试仪器轻便、操作安全简单、易于读数及实行连续自动检测等优点。但是对于声波衰减很大的材料，以及表面凸凹不平或形状很不规则的零件，利用超声波测厚度则比较困难。超声波测厚度示意如图 4-25 所示。从图中可以看出，双晶直探头左边的压电晶片发射超声波脉冲，经探头底部设置

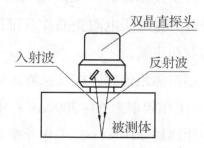

图 4-25 超声波测厚度示意

的延迟块延时后进入被测体，在到达被测体底分界面时，被反射回来，并被右边的压电晶片所接收。这样只要检测出从发射脉冲波到接收脉冲波的所需时间 $t-2t_0$（扣除两次延迟时间），再乘以被测体的声速常数 C，就是超声波在被测体所经过的来回距离，即被测体的两倍厚度 h 为

$$h = \frac{C(t-2t_0)}{2} \qquad (4-2)$$

式中：C——被测体声速常数；

t——测量时间；

t_0——延迟时间。

2. 超声波报警器

超声波报警器电气原理框图如图 4-26 所示。图 4-26（a）为发射与接收部分，图 4-26（b）为信号处理部分。

脉冲发生器产生 40 kHz 连续电脉冲信号，经功率放大器放大后送至发射器压电晶片上（逆电效应）产生脉冲振动波向外传播。若此时有人或物体进入信号覆盖区，并以相对运动速度 v 移动时，从人体或物体反射回的超声波将由于多普勒效应，而发生频偏 Δf。多普勒效应是指当超声波源与被测介质之间存在相对运动时，接收器接收到的超声波频率与发射器所发

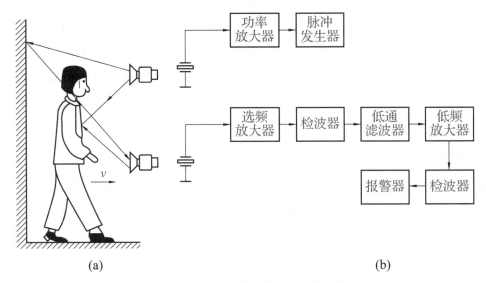

图 4-26　超声波报警器电气原理框图

（a）发射与接收部分；（b）信号处理部分

射的超声波频率将有所变化，其频率差值被称为频偏 $\pm\Delta f$。而 Δf 绝对值的大小与相对速度的大小及方向有关。接收器接收到的两个不同频率组成差拍信号（原频信号以及原频信号 $\pm\Delta f$）。这两个信号经原频信号放大器放大，并经检波器检波后，由低通滤波器滤去原频信号，而留下频偏信号 Δf。该频偏信号再经低频放大器放大后，由检波器转换为直流电压信号，作为激励推动后续电单元，如声响报警器或其他闪光报警器等。

3. 超声波探伤

超声波探伤是利用材料及其缺陷的声学性能差异对超声波传播的影响来检验材料内部缺陷的无损检验方法。现在广泛采用的是观测声脉冲在材料中反射情况的超声脉冲反射法，此外还有观测穿过材料后的入射声波振幅变化的穿透法等。常用的频率在 $0.5\sim5$ MHz 之间。

常用的检验仪器为 A 型显示脉冲反射式超声波探伤仪。根据仪器示波屏上反射信号的有无、反射信号和入射信号的时间间隔、反射信号的高度，可确定反射面的有无、其所在位置及相对大小。A 型显示脉冲反射式超声波探伤仪结构和原理如图 4-27 所示。

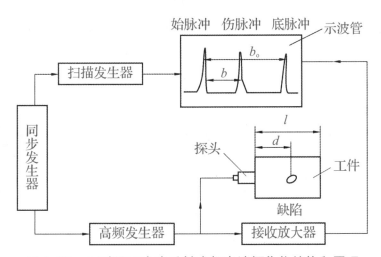

图 4-27　A 型显示脉冲反射式超声波探伤仪结构和原理

超声波在介质中传播时有多种波型，检验中最常用的为纵波、横波、表面波和板波。用纵波可探测金属铸锭、坯料、中厚板、大型锻件和形状比较简单的制件中所存在的夹杂物、裂缝、缩管、白点、分层等缺陷；用横波可探测管材中的周向和轴向裂缝、划伤，焊缝中的气孔、夹渣、裂缝、未焊透等缺陷；用表面波可探测形状简单的制件上的表面缺陷；用板波可探测薄板中的缺陷。

【发扬胡杨精神，自立自强发展创新】

我国智能手机已经进入全面屏时代，华为等厂商均发布了屏下指纹识别的机型。同时，我国手机厂商不断提升屏占比，屏下指纹识别成为指纹识别技术的发展趋势。屏下指纹识别可以采用光学指纹识别与超声波指纹识别技术，从理论上来看，超声波指纹识别具有较强的抗干扰性，用户体验性更好。

超声波指纹识别在应用时不受手指干湿、汗渍、污物等因素影响，识别更为稳定、精确。同时，超声波指纹识别可以直接穿过皮肤表层，识别出手指的三维细节与独特指纹特征，安全性更高。与其他指纹识别技术相比，超声波指纹识别技术优势明显。

正是因为华为手机业务在国内做得越来越成功，多家海外巨头厂商对华为施加了很多压力，打压产品线、供应链等，从源头上遏制了华为的研发，但值得认可的是华为不服输，敢于突破创新的精神，也是值得每一个中国人学习的胡杨精神。胡杨耐寒、抗旱、耐盐碱、抗风沙，有着顽强的生命力。"生而千年不死，死而千年不倒，倒而千年不朽"，它是恶劣环境中永远的丰碑。华为在重压之下众志成城，实现了终端手机的全球领先、实现了 Harmony OS 的"开天辟地"，让中国制造走向自立自强。胡杨精神，既是华为精神，更是中国精神。

四、超声波液位计的安装使用

1. 超声波液位计特点

超声波液位计以非接触作为主要特点，在电气仪表的圈子里，扮演着越来越重要的角色。在一些恶劣的情况下，如所测液位含有比较多的颗粒物杂质、罐体上强腐蚀的介质、所测介质温度较高等，在这种情况下，投入式液位计并不适用，很多的现场都青睐于非接触式超声波液位计，它的安装虽然有一定的要求，但是测量更加稳定。

超声波液位计是由微处理器控制的液位数字仪表。其由 3 部分组成：超声波换能器（探头）、驱动电路（模块）、电子液晶显示模块。在测量中超声波脉冲由传感器发出，声波经液体表面反射后被传感器接收，通过压电晶体或磁致伸缩器件转换成电信号，由声波的发送和接收之间的时间来计算传感器到被测液体表面的距离。超声波液位计采用非接触测量，对被测介质几乎没有限制，可广泛用于液体、固体物料高度的测量。超声波液位计如图 4-28 所示。

图 4-28　超声波液位计

2. 工作原理

超声波液位计工作原理是由超声波换能器（探头）发出的高频脉冲声波遇到被测物位（物料）表面，被反射折回反射回波，其被换能器接收转换成电信号。超声波液位计原理示意如图4-29所示。声波的传播时间与声波的发出到物体表面的距离成正比。声波传输距离 S 与声速 c 和声波传输时间 t 的关系可表示为

$$S = c \times t / 2$$

由于发射的超声波脉冲有一定的宽度，使距离超声波换能器较近的小段区域内的反射波与发射波重叠，故无法识别，不能测量其距离。这个区域称为测量盲区。盲区的大小与超声波液位计的型号有关。

探头部分发射出超声波，超声波遇到与空气密度相差较大的介质会形成反射波，反射波被探头部分再接收，探头到液（物）面的距离和超声波经过的时间成比例，即

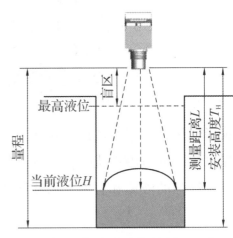

图4-29 超声波液位计原理示意

$$距离 = 时间 \times 声速 / 2$$

声速的温度补偿公式为

$$环境声速 = 331.5 + 0.6 \times 温度$$

3. 超声波液位计的安装与接线

安装超声波液位计时必须考虑超声波液位计的盲区问题。当液位进入盲区后，超声波液位计就无法测量液位了，所以在确定超声波液位计的量程时，必须留出50 cm的余量，即在安装时，探头必须高出最高液位50 cm左右。这样才能保证对液位的准确监测及保证超声波液位计的安全。在实际使用中，因为安装时考虑不周，超声波液位计被液体完全淹没，致使其完全损坏，所以要考虑被测液体的最高液位值。

机械安装时应注意：安装应垂直于测量物体表面，避免用于测量泡沫性质物体；避免安装于距测量物体表面的距离小于盲区距离；应考虑避开阻挡物质，不与灌口和容器壁相遇；检测大块固体物应调整探头方位，减少测量误差。

超声波液位计安装示意如图4-30所示。

仪表本身可采用二线制、三线制或四线制技术。二线制是指供电与信号输出共用；三线制是指供电回路和信号输出回路独立，当采用直流24 V供电时，可使用一根3芯电缆线，供电负端和信号输出负端共用一根芯线；四线制是指当采用交流220 V供电，或者当采用直流24 V供电，要求供电回路与信号输出回路完全隔离时，应使用一根4芯电缆线。直流或交流供电，具有4~20 mA DC，高低位开关量输出。量程范围为0~60 m，多种形式可选，适合各种腐蚀性、化工类场合。

超声波液位计如果在以下环境使用，则测量的数值精度会下降，数据会不稳定，要慎重

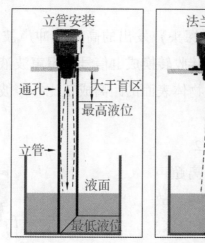

图 4-30　超声波液位计安装示意

选择使用，一般不建议使用超声波液位计测量。例如：有泡沫的液体/固体；周围有强电压、强电流、强电磁干扰时，尽量避免高电压、高电流及强电磁干扰；大风和太阳直晒；强震动；挥发性强的液体和有大量水蒸气的现场；易结晶液体等。

测量物体位移量

项目思维导图

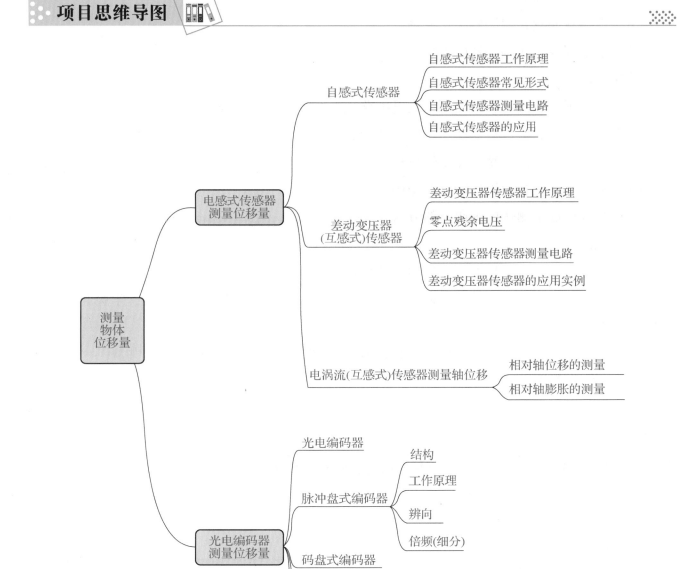

项目教学目标

【知识目标】

（1）理解自感式传感器的工作原理。

（2）熟悉自感式传感器类型及应用场合。

（3）掌握互感式传感器的工作原理。

（4）理解编码器和光电编码器工作原理。

（5）掌握编码器的分类。

（6）掌握脉冲盘式编码器工作原理。

（7）了解脉冲盘式编码器的参数。

【技能目标】

（1）会识别互感式传感器使用的测量电路。

（2）会发现电感式传感器在生产中具体应用。

（3）会使用电涡流传感器测量轴位移。

（4）会识别码盘式编码器的进制编码。

（5）会选择数字测速中编码器的方法。

【素养目标】

（1）通过小组活动，培养学生的团队合作精神。

（2）通过接近传感器的学习，体会自强不息对个人、国家和民族的意义，学会自立，培养自强精神。

（3）通过编码器的学习，任何一个狭缝都是团体的一部分，培养"合作共赢""协同创新"的团队协作意识。

任务5.1　电感式传感器测量位移量

任务描述

位移是物体在一定方向上的位置变化，在自动化生产与工程自动控制中经常需要测量位移。测量时应当根据不同的测量对象选择测量点、测量方向和测量系统。其中，位移传感器的测量精度在测量中起重要作用。位移测量的分类：按被测量的不同可分为线位移测量和角位移测量；按测量参数的特性可分为静态位移测量和动态位移测量。

位移测量是线位移测量和角位移测量的统称，实际上就是长度和角度的测量。位移是矢量，表示物体上某一点在两个不同瞬间的位置变化。因而对位移的测量，应使测量方向与位移方向重合，这样才能真实地测量出位移量。

在工程技术中，测量机械零件的长度、厚度和液位等，实际上都是利用不同的位移传感器进行的测量。在装配轴承滚柱时，为保证轴承的质量，一般要先对滚柱的直径进行分选，各滚柱直径的误差为几微米，因此要进行微位移检测。以往用人工测量和分选轴承用滚柱的直径是一件十分费时且容易出错的工作。在自动检测系统中，往往要用到电感式测微传感器进行测量，其测量精度较高。电感式传感器的工作原理是什么？其结构、特点如何？这就是我们本任务的内容。

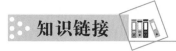 知识链接

电感式传感器是建立在电磁感应基础上的，可以把输入的物理量（如位移、振动、压力、流量、比重）转换为线圈的自感系数 L 或互感系数 M 的变化，并通过测量电路将 L 或 M 的变化转换为电压或电流的变化，从而将非电量转换成电信号输出，实现对非电量的测量。电感式传感器具有工作可靠、寿命长、灵敏度高、分辨力高、精度高、线性好、性能稳定、重复性好等优点。

根据工作原理的不同，电感式传感器可分为变磁阻式（自感式）、变压器式（互感式）和电涡流式（互感式）等，如图 5-1 所示。

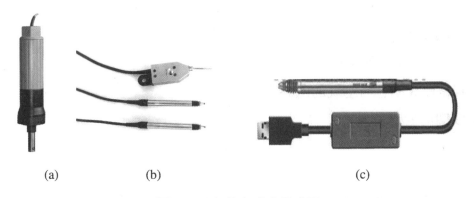

图 5-1　各种电感式传感器

（a）变磁阻式；（b）变压器式；（c）电涡流式

一、自感式传感器

自感式传感器是利用自感量随气隙变化而改变的原理制成的，用来测量位移。自感式传感器主要有闭磁路变隙式和开磁路螺线管式，它们又都可以分为单线圈式与差动式两种结构形式。

1. 自感式传感器工作原理

自感式传感器的结构如图 5-2 所示。它由线圈、铁芯和衔铁组成。铁芯和衔铁由导磁材

料如硅钢片或坡莫合金制成，在铁芯和衔铁之间有气隙，气隙厚度为 δ，传感器的运动部分与衔铁相连。当衔铁移动时，气隙厚度 δ 发生改变，引起磁路中磁阻变化，导致电感线圈的电感值变化，因此只要能测出电感量的变化，就能确定衔铁位移量的大小和方向。

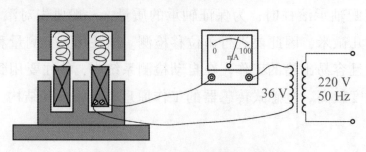

图 5-2　自感式传感器的结构

由电工学磁路知识可知，线圈的自感量为

$$L=\frac{N^2}{R_m}\tag{5-1}$$

式中：N——线圈匝数；

R_m——磁路总磁阻。

由于自感式传感器中铁芯和衔铁的磁阻比空气隙磁阻小很多，因此铁芯和衔铁的磁阻可忽略不计，磁路总磁阻 R_m 近似等于空气隙磁阻，即

$$R_m\approx\frac{2\delta}{\mu_0 A}\tag{5-2}$$

式中：δ——空气隙厚度；

A——空气气隙的有效截面积；

μ_0——真空磁导率，与空气的磁导率相近。

因此电感线圈的电感量为

$$L=\frac{N^2\mu_0 A}{2\delta}\tag{5-3}$$

上式表明，当线圈匝数为常数时，电感 L 仅仅是磁路总磁阻 R_m 的函数，只要改变 δ 或 A 均可导致电感变化，因此自感式传感器又可分为变气隙厚度 δ 的传感器和变气隙面积 A 的传感器。前者可用于测量直线位移，后者则可测量角位移。

2. 自感式传感器常见形式

自感式传感器常见的形式有变气隙式、变截面式和螺线管式 3 种，自感式传感器的结构如图 5-3 所示。

（1）变气隙式自感传感器

变气隙式自感传感器的常见结构如图 5-4 所示，图 5-4（a）为单边式，图 5-4（b）为差动式。它们由铁芯、线圈和衔铁组成。由式（5-1）可知，变气隙单边式传感器的线性度差、示值范围窄、自由行程小，但在小位移下灵敏度很高，常用于小位移的测量。

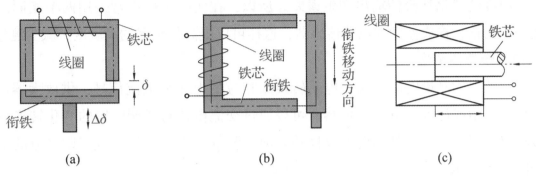

图 5-3　自感式传感器常见结构

（a）变气隙式自感传感器；（b）变截面式自感传感器；（c）螺线管式自感传感器

为了扩大示值范围和减小非线性误差，可采用差动式结构。将两个线圈接在电桥的相邻臂上，构成差动电桥，不仅可使灵敏度提高一倍，还能使非线性误差大为减小。

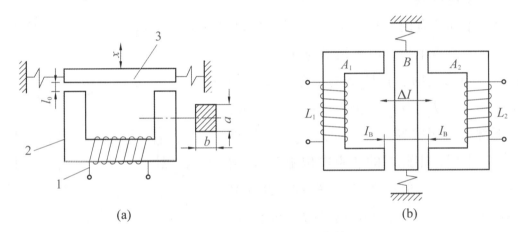

1—线圈；2—铁芯；3—衔铁。

图 5-4　变气隙式自感传感器常见结构

（a）单边式；（b）差动式

（2）变截面式自感传感器

如果变气隙式自感传感器的气隙厚度不变，铁芯与衔铁之间相对覆盖面积随被测量的变化而改变，从而导致线圈的电感量发生变化，这种形式称为变截面积式自感传感器，通过式（5-3）可知，变截面式自感传感器具有良好的线性度、自由行程大、示值范围宽等特点。由于漏感，变截面式自感传感器在 $A=0$ 时仍有一定的电感，所以其线性区较小，而且灵敏度较低，通常用来测量较大的位移。

（3）螺线管式自感传感器

图 5-3（c）为螺线管式自感传感器的结构。当活动衔铁随被测物移动时，线圈磁力线路径上的磁阻发生变化，线圈电感量也因此变化。线圈电感量的大小与衔铁插入线圈的深度有关。螺线管式自感传感器的优点是结构简单、装配容易、自由行程大、示值范围宽；缺点是灵敏度较低，易受外部磁场干扰。目前，该类传感器随放大器性能的提高而得以广泛应用。

以上 3 种自感式传感器在使用时，由于线圈中通有交流励磁电流，因而衔铁始终承受电磁吸力，会引起振动及产生附加误差，而且非线性误差较大。另外，外界的干扰如电源电压频率的变化、温度的变化都会使输出产生误差。所以，在实际工作中常采用两个相同的传感器线圈共用一个衔铁，构成差动式电感传感器，这样可以提高传感器的灵敏度，减少测量误差。

3. 自感式传感器测量电路

自感式传感器的测量电路用来将电感转换成相应的电压或电流信号，供放大器放大，然后用测量仪表显示或记录。电感式传感器可以通过交流电桥将线圈电感的变化转换成电压或电流信号输出。但是，为了判别衔铁位移的方向，测量电路一般采用带相敏整流的交流电桥电路，如图 5-5 所示。

图中，电桥的两个臂 Z_1、Z_2 分别为差动式电感传感器中的电感线圈，另外两个臂为平衡阻抗 Z_3、Z_4（$Z_3 = Z_4 = Z_0$），VD_1、VD_2、VD_3、VD_4 四只二极管组成相敏整流器，激励交流电压加在 A、B 两点之间，输出直流电压 U_0 并由 C、D 两点输出，测量仪表可以是零刻度居中的直流电压表或数字电压表。

当衔铁处于中间位置时，传感器两个差动线圈的阻抗 $Z_1 = Z_2 = Z_0$，此时电桥处于平衡状态，C 点电位等于 D 点电位，电表指示为 0。

当衔铁向一边移动时，传感器两个差动线圈的阻抗发生变化。当衔铁上移时，上部线圈阻抗增大，即 $Z_1 = Z_0^+$，下部线圈阻抗减少，即 $Z_2 = Z_0^-$。如果输入交流电压为正半周，则此时的 A 点电位由于 Z_1 增大而比平衡时的 A 点电位低；而在 $A—E—C—B$ 支路中，C 点电位由于 Z_1 增大而比平衡时的 C 点电位低；而在 $A—F—D—B$ 支路中，D 点电位由于 Z_2 减少而比平衡时的 D 点电位高，所以 D 点电位高于 C 点电位，直流电压表正向偏转。

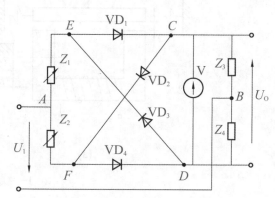

图 5-5　带相敏整流的交流电桥电路

如果输入交流电压为负半周，则 A 点电位为负，B 点电位为正，二极管 VD_2、VD_3 导通，VD_1、VD_4 截止。在 $A—E—C—B$ 支路中，C 点电位由于 Z_2 减少而比平衡时的 C 点电位低；而在 $A—F—D—B$ 支路中，D 点电位由于 Z_1 增大而比平衡时的 D 点电位高，所以仍然是 D 点电位高于 C 点电位，直流电压表正向偏转。

同样可以得出结论：当衔铁下移时，直流电压表总是反向偏转，输出为负。

由此可见，自感式传感器的测量电路一般采用带相敏整流的交流电桥电路，输出电压既能反映位移量的大小，又能反映位移的方向，所以应用较为广泛。

4. 自感式传感器的应用

（1）自感式测厚仪

自感式测厚仪如图 5-6 所示。

（2）电感测微仪

轴向式测试头如图5-7（a）所示，电感测微仪的原理框图如图5-7（b）所示。电感测微仪是一种能够测量微小尺寸变化的精密测量仪器，它由主体和测头两部分组成，配上相应的测量装置（如测量台架等），能够完成各种精密测量。

电感测微仪被广泛应用于精密机械制造业、晶体管和集成电路制造业以及国防、科研、计量部门的精密长度测量。

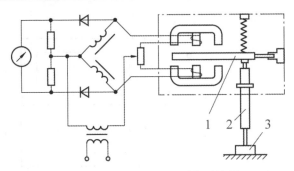

1—可动铁芯；2—测杆；3—被测物体。

图5-6 自感式测厚仪

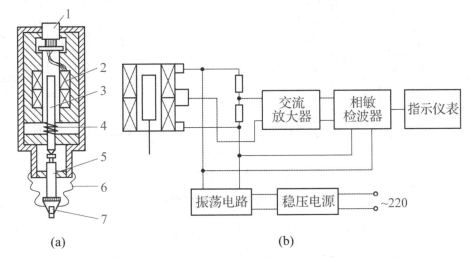

1—引线；2—线圈；3—衔铁；4—测力弹簧；5—导杆；6—密封罩；7—测头。

图5-7 电感测微仪

（a）轴向式测试头；（b）电感测微仪的原理框图

二、差动变压器（互感式）传感器

把被测的非电量变化转换为线圈互感量变化的传感器称为互感式传感器。互感式传感器是根据变压器的基本原理制成的，当一次绕组接入激励电源之后，二次绕组就将产生感应电动势，并且二次绕组用差动形式连接，故称差动变压器传感器。差动变压器传感器结构形式：变隙式、变面积式和螺线管式等。目前应用最多的是螺线管式差动变压器传感器，它可以测量1~100 μm机械位移，并具有测量精度高、灵敏度高、结构简单和性能可靠等优点。

1. 差动变压器传感器工作原理

差动变压器传感器的结构如图5-8所示。两个完全相同的单线圈电感式传感器共用一个活动衔铁就构成了差动变压器传感器。在变隙式差动变压器传感器中，当衔铁随被测量移动而偏离中间位置时，两个线圈的电感量一个增加，一个减小，形成差动形式。差动变压器传感器灵敏度约为非差动变压器传感器的2倍，并且差动变压器传感器的线性较好，且输出曲线较陡，灵敏度较高。

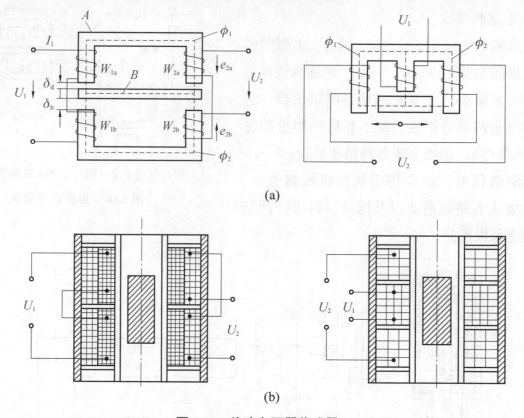

图 5-8 差动变压器传感器

（a）变隙式；（b）螺线管式

采用差动结构的变帧式差动变压器传感器除了可以改善线性、提高灵敏度外，对外界影响，如温度的变化、电源频率的变化等也基本上可以互相抵消，衔铁承受的电磁吸力也较小，从而减小了测量误差。因此，实用的电感传感器几乎全是差动的。

螺线管式差动变压器传感器结构和等效电路如图 5-9 所示，它由初级线圈、两个次级线圈和插入线圈中央的圆柱形铁芯等组成。

差动变压器传感器工作在理想情况下（忽略涡流损耗、磁滞损耗和分布电容等影响），它的等效电路如图 5-9 所示。图中 U_{in} 为一次绕组激励电压；U_{out1}、U_{out2} 分别为一次绕组与两个二次绕组间的电压；L_1 为一次绕组的电感；L_2、L'_2 分别为两个二次绕组的电感。

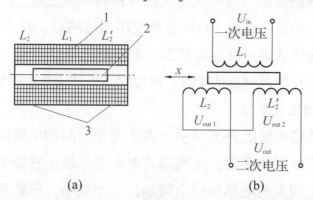

（a）   （b）

1—初级线圈；1—圆柱形铁芯；3—次级线圈。

图 5-9 螺线管式差动变压器传感器结构和等效电路

（a）结构；（b）等效电路

当铁芯处于中心对称位置时，则 $U_{out1} = U_{out2}$，所以 $U_{out} = 0$；两个二次绕组互感相同，因而由一次激励引起的感应电动势相同，由于两个二次绕组反向串接，所以差动输出电动势为 0。在传感器的量程内，衔铁移动越大，差动输出电动势就越大。

当铁芯向两端位移时，U_{out1} 大于或小于 U_{out2}，使 U_{out} 不等于 0，其值与铁芯的位移成正比。当衔铁向二次绕组一边移动时，差动输出电动势仍不为 0，但由于移动方向改变，所以差动输出电动势反相。因此，通过差动变压器传感器输出电动势的大小和相位可以知道衔铁位移量的大小和方向。

差动变压器传感器的优点是结构简单、灵敏度高、线性度好和测量范围宽；缺点是存在零点残余电动势。可采用相敏检波电路等措施进行补偿。

2. 零点残余电压

（1）零点残余电压

当差动变压器传感器的衔铁处于中间位置时，理想条件下其输出电压为 0 V。但实际上，当使用桥式电路时，在零点处仍有一个微小的电压值存在，称为零点残余电压。差动变压器传感器输出特性曲线如图 5-10 所示。

（2）零点残余电压产生的原因

①传感器的两个次级绕组的线圈电气参数、几何尺寸不对称，导致它们产生的感应电动势幅值不等，相位不同，因此不论怎样调整衔铁位置，两线圈中感应电动势都不能完全抵消。

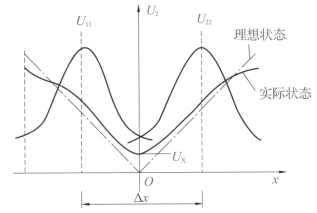

图 5-10　差动变压器传感器输出特性曲线

②磁性材料磁化曲线的非线性，导致电源电压中含有高次谐波。

③导磁材料存在铁损、不均匀，一次绕组有铜耗电阻，线圈间存在寄生电容，导致差动变压器的输入电流与磁通不相同。

（3）减小零点残余电压的方法

①尽可能保证传感器几何尺寸、线圈电气参数和磁路对称。磁性材料要经过处理，消除内部的残余应力，使其性能稳定。

②选用合适的测量电路。

③采用补偿线路减小零点残余电压。

3. 差动变压器传感器测量电路

差动变压器传感器的输出电压是交流分量，它与衔铁位移成正比，其输出电压如果用交流电压表来测量时存在以下问题。

①总有零点残余电压输出，因而零点附近的小位移测量困难。

②无法判断衔铁移动的方向。

因此，常采用差动整流电路和差动相敏检波电路来处理。

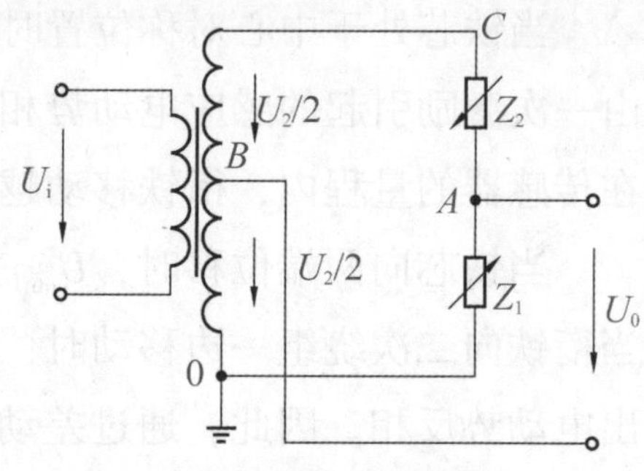

（1）差动整流电路

这种电路是把差动变压器的 2 个二次输出电压分别整流，然后将整流的电压或电流的差值作为输出，如图 5-11 所示。

图 5-11　差动整流电路

（2）差动相敏检波电路

差动相敏检波电路由变压器 T_1 和 T_2 以及接成环形的 4 个半导体二极管组成。差动变压器输出电压经过交流放大器放大后输出的幅值应为原幅值的 3~5 倍。

图 5-12 所示是差动相敏检波电路的一种形式。差动相敏检波电路要求比较电压的幅值尽可能大，比较电压与差动变压器二次输出电压的频率相同，相位相同或相反。

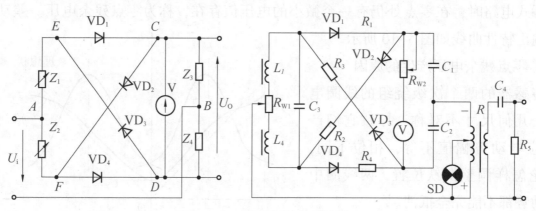

图 5-12　差动相敏检波电路

4. 差动变压器传感器的应用实例

差动变压器传感器一般用于接触测量，它主要用于位移测量，也可以用于振动、加速度、压力、流量和液位等与位移有关的机械量的测量。

（1）压力的测量

变隙电感式压力传感器结构如图 5-13 所示。它由膜盒、铁芯、衔铁及线圈等组成，衔铁与膜盒的上端连在一起。当压力进入膜盒时，膜盒的顶端在压力 P 的作用下，产生与压力 P 大小成正比的位移。于是衔铁也发生移动，从而使气隙发生变化，流过线圈的电流也发生相应的变化，电流值反映了被测压力的大小。

（2）电感式仿形机床

在加工复杂机械零件时，采用仿形加工是一种较简单的方法。电感式（或差动变压器式）仿形机床如图 5-14 所示。

假设被加工的工件为凸轮，机床的左边转轴上固定一个已加工好的标准凸轮，毛坯固定在右边的转轴上，左、右两轴同步旋转。铣刀与电感测微器安装在由伺服电动机驱动的、可以沿着立柱的导轨上、下移动的铣刀龙门框架上。

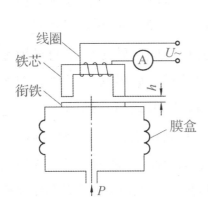

图 5-13　变隙电感式压力传感器结构

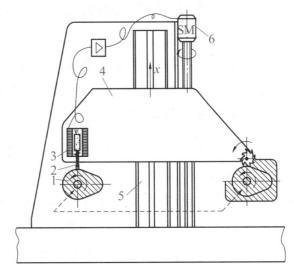

1—标准靠模样板；2—测端（靠模轮）；3—电感测微器；

4—铣刀龙门框架；5—立柱；6—伺服电动机。

图 5-14　电感式仿形机床

　　电感测微器的硬质合金测端与标准凸轮外表轮廓接触。当衔铁不在差动电感线圈的中心位置时，电感测微器有输出。输出电压经伺服放大器放大后，伺服电动机正转（或反转）。

　　带动铣刀龙门框架上移（或下移），直到电感测微器的衔铁恢复到差动电感线圈的中间位置。铣刀龙门框架的上、下位置决定了铣刀的切削深度。当标准凸轮转过一微小的角度时，衔铁再一次被顶高（或下降），电感测微器必然有输出，伺服电动机转动，铣刀也上升（或下降），从而减小（或增加）切削深度。这个过程一直持续到加工出与标准凸轮完全一样的工件。

　　（3）加速度的测量

　　差动变压器加速度传感器的结构如图 5-15 所示。它同悬臂梁和差动变压器构成。测量时，将悬臂梁底座及差动变压器的线圈骨架固定，将衔铁与被测振动体相连，此时传感器作为加速度测量中的惯性元件，它的位移与被测加速度成正比，使加速度测量转变为位移的测量。当被测振动体发生振动时，衔铁随着一起振动，使差动变压器的输出电压发生变化，输出电压的大小及频率与振动物体的振幅与频率有关。

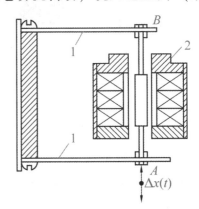

1—悬臂梁；2—差动变压器。

图 5-15　差动变压器加速度传感器

三、电涡流（互感式）传感器测量轴位移

　　电涡流传感器的内部结构如图 5-16 所示，它是根据电涡流效应制成的传感器。电涡流效应：根据法拉第电磁感应定律，当块状金属导体置于变化的磁场中或在磁场中做切割磁力线运动时，通过导体的磁通将发生变化，产生感应电动势，该电动势在导体表面形成电流并自

行闭合，状似水中的涡流，故称为电涡流。电涡流只集中在金属导体的表面，这一现象称为趋肤效应。

电涡流传感器最大的特点是能对位移、厚度、表面温度、速度、应力、材料损伤等进行非接触式连续测量。它还具有体积小、灵敏度高、频带响应宽等特点，应用极其广泛。

电涡流传感器对被测材料敏感性强。如果被测对象的材料不同，则传感器的灵敏度和线性范围都要改变，必须重新校正。也就是说，对同一种被测材料，如果被测材料表面的材质不均匀，或者工件内部有裂痕，则都会影响测量结果。当测量轴振动时，轴的不圆度也将反映在振幅值中，所以测量时要选择合适的测量点和均质光滑的测量表面。要测量准确，对被测体的几何形状也是有一定要求的。当被测体为平板形时，传感器头部应该有一定的空间，且不能有导电导体材料。同时还要求被测体直径要大于传感器直径的 3 倍，否则会使灵敏度降低。当被测体为圆柱形时，其直径必须为传感器线圈直径的 3 倍以上。被测体厚度不能太薄，对一般钢材来说，其厚度要大于 0.2 mm。

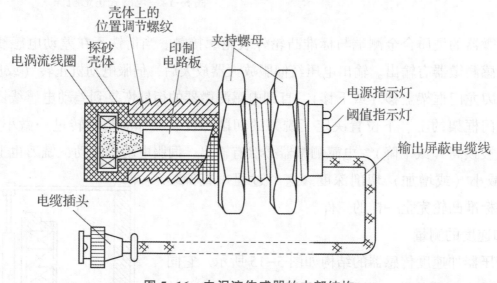

图 5-16　电涡流传感器的内部结构

轴位移不仅能表明机器的运行特性和状况，而且能够指示推力轴承的磨损情况以及转动部件和静止部件之间发生碰撞的可能性。在工业现场，常用电涡流位移传感器来测量轴位移。在位移测量中只考虑传感器中的直流电压成分。轴位移分为相对轴位移（即轴向位置）和相对轴膨胀。

1. 相对轴位移的测量

相对轴位移是指轴向推力轴承和导向盘之间的距离变化。导向盘和轴承之间必须有一定的间隙以便能够形成承载油膜。相对轴位移测量示意如图 5-17 所示。

2. 相对轴膨胀的测量

相对轴膨胀的测量是指旋转机器的旋转部件和静止部件因为受热或冷却导致膨胀或收缩。

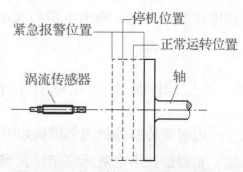

图 5-17　相对轴位移测量示意

相对轴膨胀的测量在旋转机器的起/停过程中十分重要。因为机组加热和冷却时转子和机壳会发生不同程度的膨胀。例如，功率大于 1 000 MW 的大汽轮机的相对膨胀可能达到 50 mm。图 5-18（a）是测量不超过 12.5 mm 的相对轴膨胀，图 5-18（b）是可以测量大约 25 mm 的相对轴膨胀，图 5-19 是相对轴膨胀的大直径测量示意。

双锥面相对轴膨胀测量如图 5-20 所示。

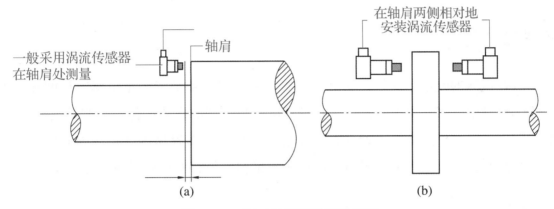

图 5-18　相对轴膨胀的测量示意

（a）测量不超过 12.5 mm 的相对轴膨胀；（b）可以测量大约 25 mm 的相对轴膨胀

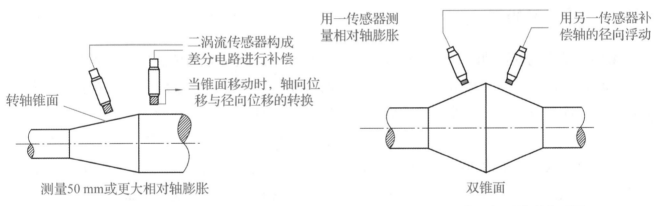

图 5-19　相对轴膨胀的大直径测量示意　　　图 5-20　双锥面相对轴膨胀测量

　　如果空间有限、轴肩太低或太小或者相对轴膨胀太大，就需要通过非接触传感器测量摆固定点附近的运动从而测量相对轴膨胀，如图 5-21 所示。

【自立自强是一种尊严】

传感器国产化，不再依赖进口，不再价格昂贵，告诉我们：自强是一个人活出尊严，活出个

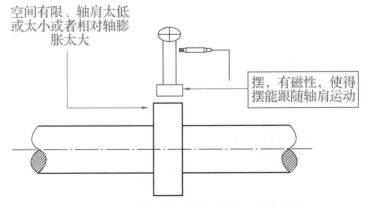

图 5-21　非接触传感器测量相对轴膨胀

性，实现人生价值的必备品质，是进取的动力；自强是我们健康成长，努力学习，将来成就事业的强大动力，是通向成功的阶梯；自强不息是我们中华民族几千年来熔铸成的民族精神，

正是这种精神，使中华民族历经沧桑而不衰，备受磨难而更强，豪迈地自立于世界民族之林。

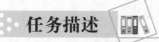 **任务5.2　光电编码器测量位移量**

任务描述

　　无论是数控机床的改造，还是工业机器人的应用，都需要精确测量位移、长度和零件尺寸。在机电一体化设备中，将光电编码器作为各种长度计量仪器的重要配件，是用微电子技术改造传统工业的方向之一。由于光电编码器具有精度高，安装及操作容易等优点，因而得到大量使用。那么什么是编码器？什么是光电编码器？如何来测量精密位移？这就是本任务的内容。

知识链接

一、光电编码器

　　编码器是将机械转动的位移（模拟量）转换成数字式电信号的传感器。编码器在角位移测量方面应用广泛，具有高精度、高分辨率、高可靠性的特点。光电编码器是在自动测量和自动控制中应用较多的一种数字式编码器，从结构上可分为码盘式和脉冲盘式两种，它们都是非接触式测量，寿命长、可靠性高，测量精度和分辨率能达到很高水平。我国已有 16 位商用光电码盘，其分辨率约 20″。目前，国内实验室水平可达 23 位，其分辨率约为 0.15″。光电编码器的优点是可以高精度测量被测物的转角或直线位移量，是目前应用最多的传感器；其缺点是结构复杂、光源寿命较短。

　　光电编码器在机器人控制中的应用如图 5-22 所示。

　　编码器按测量方式的不同，可分为旋转编码器和直尺编码器。

　　编码器按编码方式的不同，可分为增量式编码器、绝对式编码器和混合式编码器。增量式编码器实物如图 5-23 所示。

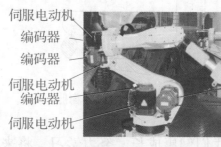

图 5-22　光电编码器在机器人控制中的应用

图 5-23　增量式编码器实物

按检测原理分类，编码器可分为光学式、磁式、电容式 3 类。

旋转编码器：通过测量被测物体的旋转角度并将测量到的旋转角度转化为脉冲电信号输出，测量对象是旋转角度。

直尺编码器：通过测量被测物体的直线行程长度并将测量到的直线行程长度转化为脉冲电信号输出，测量对象是直线行程长度。

光电编码器如图 5-24 所示。轴式编码器和套式编码器将脉冲电信号分解为二进制编码和脉冲进行输出。

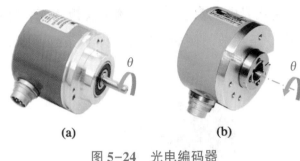

图 5-24　光电编码器

（a）轴式；（b）套式

二、脉冲盘式编码器

脉冲盘式编码器（也称为增量式编码器）不能直接产生 n 位的数码输出，当转动时可产生串行光脉冲，用计数器将脉冲数累加起来就可反映转过的角度大小，但遇停电，就会丢失累加的脉冲数。因此，在使用脉冲盘式编码器时必须有停电记忆措施。

1. 结构

脉冲盘式编码器是在圆盘上开有两圈相等角矩的缝隙，外圈 A 为增量码道、内圈 B 为辨向码道，内、外圈的相邻两缝隙之间的距离错开半条缝宽。另外，在内、外圈之外的某一径向位置，也开有一缝隙，表示码盘的零位。码盘每转一圈，零位对应的光敏元件就产生一个脉冲，称为零位脉冲。在开缝圆盘的两边分别安装光源及光敏元件，如图 5-25 所示。

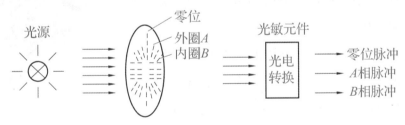

图 5-25　脉冲盘式编码器的内部结构

脉冲盘式编码器具有结构简单、体积小、价格低、精度高、响应速度快、性能稳定等优点，应用更为广泛。在高分辨率和大量程角速率/位移测量系统中，脉冲盘式编码器更具优越性。

2. 工作原理

脉冲盘式编码器是指随转轴旋转的码盘给出一系列脉冲，然后根据旋转方向用计数器对这些脉冲进行加减计数，以此来表示转过的角位移量。

信号性质：输出信号为一串脉冲，每一个脉冲对应一个分辨角 α，对脉冲进行计数 N，就是对 α 的累加，即角位移为

$$\theta = \alpha N$$

例如，当 $\alpha = 0.352$，$N = 1\,000$ 时，$\theta = 0.352 \times 1\,000 = 352°$。

输出信号如图 5-26 所示。

脉冲盘式编码器结构示意如图5-27所示。光电码盘与转轴连在一起,码盘可用玻璃材料制成,其表面镀上一层不透光的金属铬,然后在边缘制成向心的透光狭缝。透光狭缝在码盘圆周上等分,数量从几百条到几千条不等。这样,整个码盘圆周上就被等分成 n 个透光的槽。增量式光电码盘也可用不锈钢薄板制成,然后在圆周边缘切割出均匀分布的透光槽。这样 $\alpha = 360°/条纹数$。例如,有 1 024 个条纹,则 $\alpha = 360°/1\ 024 = 0.352°$。

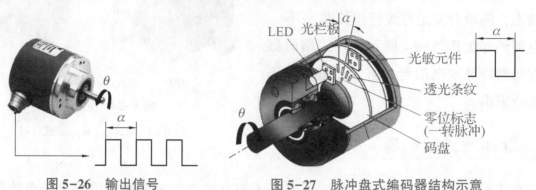

图5-26　输出信号　　　　图5-27　脉冲盘式编码器结构示意

编码器每转动一个预先设定的角度将输出一个脉冲信号,通过统计脉冲信号的数量来计算旋转的角度。由于采用固定脉冲信号编码器输出的位置数据是相对的,因此旋转角度的起始位可以任意设定。

由于采用相对编码,因此掉电后旋转角度数据会丢失,需要重新复位。

3. 辨向

光敏元件所产生的信号 A、B 彼此相位相差 90°,用于辨向。当码盘正转时,信号 A 超前信号 B 90°;当码盘反转时,信号 B 超前信号 A 90°,如图5-28所示。

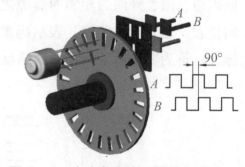

输出信号辨向如图5-29所示。输出信号 A 超前 B 90°,则为正向信号,码盘正转,如图5-29(a)所示输出信号 A 滞后于 B 90°,则为反向信号,码盘反转,如图5-29(b)所示。

图5-28　脉冲盘式编码器辨向原理

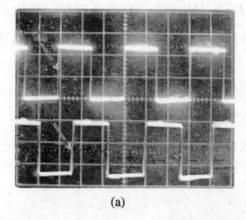 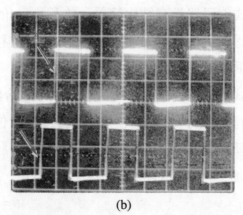

(a)　　　　　　　　　　　(b)

图5-29　输出信号辨向

(a)码盘正转;(b)码盘反转

4. 倍频（细分）

在现有编码器的条件下，细分技术能提高编码器的分辨力。细分前，编码器的分辨力只有一个分辨角的大小。采用四细分技术后，计数脉冲的频率提高了 4 倍，相当于将原编码器的分辨力提高了 3 倍，测量分辨角是原来的 1/4，从而提高了测量精度，如图 5-30 所示。

脉冲盘式编码器最大的优点是结构简单，它除了直接用于测量角位移外，还常用于测量转轴的转速。例如，在给定时间内对编码器的输出脉冲进行计数，测量平均转速。其缺点是每次工作前要先找参考点，如打印机、扫描仪的定位就是利用脉冲盘式编码器原理，每次开机都会听到一阵声响，实际上是机器在寻找参考的零点。

在码盘里圈，还有一条狭缝 C，每转能产生一个脉冲，该脉冲信号又称为"一转信号"或零标志脉冲，作为测量的起始基准。零标志脉冲如图 5-31 所示。

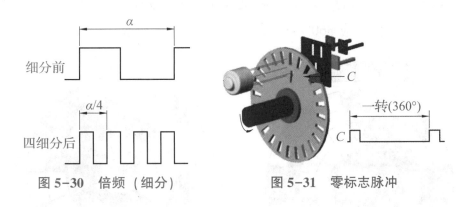

图 5-30　倍频（细分）　　　　图 5-31　零标志脉冲

【任何一个狭缝都是团体的一部分】

编码器的码盘狭缝告诉我们：任何一个狭缝都是团体的一部分，个体的力量总是渺小的、有限的，团队（组合）的力量远大于单个个体的力量；团队不仅强调个人的工作成果，更强调团队的整体业绩；合作、协同有助于调动团队成员的所有资源与才智，为达到既定目标产生一股强大而持久的力量；"合作共赢""协同创新""1+1>2"之道于物于人皆成立。

三、码盘式编码器

码盘式编码器（也称为绝对式编码器）能直接给出对应于每个转角的数字信息，便于计算机处理。但当进给数大于一转时，须特别处理，而且必须用减速齿轮将两个以上的编码器连接起来，组成多级检测装置，使其结构复杂、成本升高。

码盘式编码器的结构如图 5-32 所示，主要由光源、聚光透镜与旋转轴相连的码盘、窄缝、光敏元件组组成。码盘有光电式、接触式和电磁式 3 种。

光电式码盘是目前应用较多的一种，它是在透明材料的圆盘上精确地印制上二进制编码。图 5-33（a）为四位二进制的码盘，它由光学玻璃制成，其上刻有许多的同心码道，每位码道都按一定编码规律（二进制码、十进制码、循环码等）分布着透光和不透光部分，分别称为亮区和暗区。对应于亮区和暗区光敏元件输出的信号分别是"1"和"0"。码盘上各圆环分别

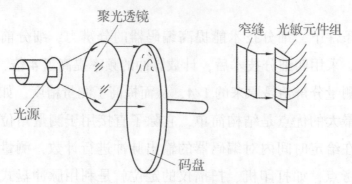

图 5-32   码盘式编码器的结构

代表一位二进制的数字码道，在同一个码道上印制黑白等间隔图案，形成一套编码。黑色不透光区和白色透光区分别代表二进制的"0"和"1"。在一个四位光电式码盘上，有四圈数字码道，每一个码道表示二进制的一位，里侧是高位，外侧是低位，在 360°范围内可编码数为 $2^4 = 16$ 个，很明显一个方位对应 $360°/16 = 22.5°$，即光电式码盘的分辨力是 22.5°。

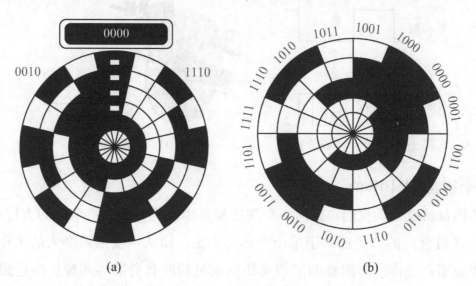

图 5-33   光电式码盘

（a）四位二进制码盘；（b）四位二进制循环码码盘

信号性质：输出 n 位二进制编码，每一个编码对应唯一的角度，如图 5-34 所示。

工作时，码盘的一侧放置电源，另一侧放置光电接收装置，每个码道都对应一个光电管及放大、整形电路。码盘转到不同位置，光电器件接受光信号，并转换成相应的电信号，经放大整形后，成为数码电信号。

光电式码盘的精度决定了光电式编码器的精度。因此，不仅要求码盘分度精确而且要求其透明区和不透明区的转接

图 5-34   码盘式编码器的编码

处有陡峭的边缘，以减小逻辑"1"和"0"相互转换时，在敏感元件中引起的噪声。

分辨力只取决于位数，与码盘采用的码制没有关系，如四位二进制循环码码盘（见图 5-33（b））的分辨力与四位二进制码盘的分辨力是一致的，都是 22.5°。

循环码存在的问题：一种无权码，译码相对困难；一般的处理办法是先将它转换为二进制码，再译码。码盘上不同进制的对比如表 5-1 所示。

表 5-1　码盘上不同进制的对比

十进制	二进制	循环码	十进制	二进制	循环码
0	0000	0000	8	1000	1100
1	0001	0001	9	1001	1101
2	0010	0011	10	1010	1111
3	0011	0010	11	1011	1110
4	0100	0110	12	1100	1010
5	0101	0111	13	1101	1011
6	0110	0101	14	1110	1001
7	0111	0100	15	1111	1000

使用码盘式编码器时，若被测转角不超过 360°，则它所提供的是转角的绝对值，即从起始位置（对应于输出各位均为 0 的位置）所转过的角度。在使用中如遇停电，在恢复供电后的显示值仍然能正确地反映当时的角度，故称为绝对型角度编码器。当被测转角大于 360° 时，为了仍能得到转角的绝对值，可以用两个或多个码盘与机械减速器配合，扩大角度量程。例如，选用两个码盘，两者间的转速比为 10：1，此时测角范围可扩大 10 倍。但在这种情况下，低转速的高位码盘的角度误差应小于高转速的低位码盘的角度误差，否则其读数是没有意义的。

码盘式编码器由机械位置决定每个位置的唯一性，无须掉电记忆，也不用一直计数。因此，其抗干扰性和数据可靠性好，广泛用于各种工业系统的测量和定位控制。

四、编码器测量位移方法

1. 旋转编码器装在丝杠末端

旋转编码器通过测量滚珠丝杠的角位移 θ，间接获得工作台的直线位移 x，构成位置半闭环伺服系统，测量方法如图 5-35 所示。计算公式为

$$x = \frac{t\theta}{360}$$

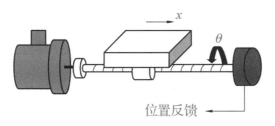

图 5-35　编码器装在丝杠末端

2. 编码器和伺服电动机同轴安装

编码器和伺服电动机同轴安装如图 5-36 所示，其实例如图 5-37 所示。

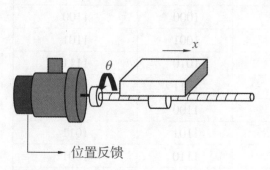

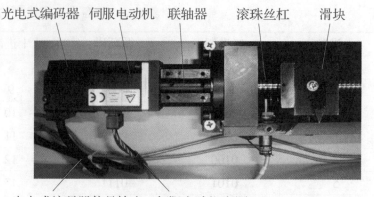

光电式编码器　伺服电动机　联轴器　　滚珠丝杠　　滑块

光电式编码器信号输出　伺服电动机电源

图 5-36　编码器和电动机同轴安装　　　图 5-37　编码器和伺服电动机同轴安装实例

五、编码器数字测速

编码器常常用于测量位移和转速，在数控车床中用于 C 轴控制和螺纹切削，根据脉冲计数来测量转速的方法有以下 3 种。

①在规定时间内测量所产生的脉冲个数来获得被测速度，称为 M 法测速。

②测量相邻两个脉冲的时间来获得被测速度，称为 T 法测速。

③同时测量检测时间和在此时间内脉冲发生器发出的脉冲个数来获得被测速度，称为 M/T 法测速。

以上 3 种测速方法中，M 法测试适合于测量较高的速度，能获得较高分辨力；T 法测速适合于测量较低的速度，能获得较高的分辨力；而 M/T 法测速则无论高速还是低速都适合测量。

1. M 法测速（适合于高转速场合）

编码器每转产生 N 个脉冲，在 T 时间段内有 m_1 个脉冲产生，则转速（r/min）为

$$n = \frac{60m_1}{NT}$$

M 法测速输出脉冲示意如图 5-38 所示。

2. T 法测速（适合于低转速场合）

编码器每转产生 N 个脉冲，用已知频率 f_c 作为时钟脉冲，填充到编码器输出的两个相邻脉冲之间的脉冲数为 m_2，则转速（r/min）为

$$n = \frac{60f_c}{Nm_2}$$

T 法测速输出脉冲示意如图 5-39 所示。

对采用脉冲盘式编码器检测装置的伺服系统，因为输出信号是增量值（一串脉冲），失电

后控制器就失去了对当前位置的记忆，因此，每次开机启动后要回到一个基准点，然后从基准点算起，记录增量值，这一过程称为回参考点。

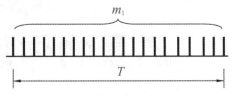

图 5-38　M 法测速输出脉冲示意

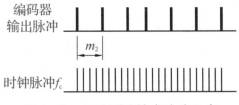

图 5-39　T 法测速输出脉冲示意

测量物体温度

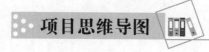

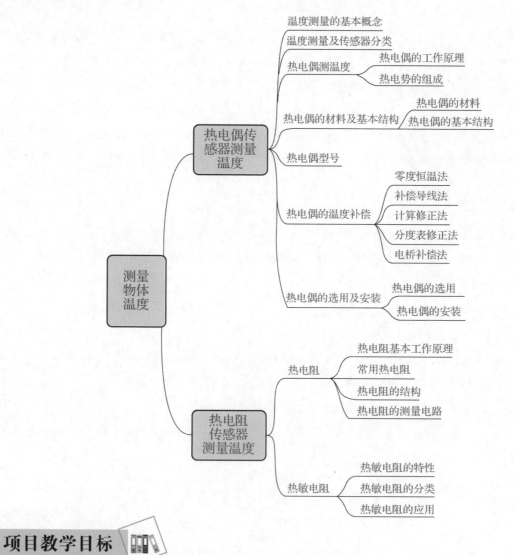

【知识目标】

（1）理解温度测量的基本概念。

（2）掌握温度传感器的分类。

（3）理解热电偶的工作原理。

（4）掌握热电偶的材料及基本结构。

（5）了解热电偶的温度补偿方法。

（6）理解热电阻的工作原理。

（7）熟悉热电阻的结构和测量电路。

（8）理解热敏电阻的特性和分类。

【技能目标】

（1）会正确选用热电偶的型号。

（2）会正确安装和使用热电偶。

（3）能理解和选用热电阻的测量电路。

（4）能掌握热电阻传感器的选型方法。

（5）会常用热敏电阻使用、测量方法。

【素养目标】

（1）传感器的精度表示观测值与真实值接近的程度，培养学生对精度应有更深刻的理解和更深层次的追求，测量为质量评价、质量提升、质量强国提供判据，培养学生领会计量蕴含的精益求精的科学精神。

（2）科学是实实在在的，来不得半点虚假，培养学生能一切从实际出发、贯彻实事求是的思想路线。

任务 6.1　热电偶传感器测量温度

任务描述

温度的宏观概念是冷热程度的表示，或者说，互为热平衡的两物体，其温度相等；温度的微观概念是大量分子运动平均强度的表示。分子运动越激烈其温度表现越高。温度是一个最基本的物理量，是国际单位制 7 个基本量之一。自然界中任何物理、化学过程都与温度紧密联系。在生产生活中，温度是产品质量、生产效率、节约能源等的重大经济指标之一，是安全生产、正常生活的重要保证。

温度控制在日常生活与工业生产中应用广泛。例如，大家熟知的饮水机、冰箱、冷柜、空调等制冷、制热产品都需要进行温度测量进而实现温度控制；汽车发动机、油箱、水箱的温度控制，化纤厂、化肥厂、炼油厂生产过程的温度控制，冶炼厂、发电厂锅炉温度的控制，蔬菜大棚的温度检测与控制等，其目的都是控制合理的温度或对温度上限进行控制，从而满足生活、生产、科研等需求。

在轧钢过程中，钢坯的轧制温度是关键的工艺参数，钢坯温度控制的好坏，将直接影响产品的质量，加热炉的炉温在 950℃~1 200℃之间，它要跟随轧机轧制节奏的变化来随时调节，所以能否有效地控制加热炉的温度，将直接影响钢坯的质量和成本，而对温度进行精确地测量是控制的前提。本任务就是针对轧钢工艺钢坯温度的控制，选择一种合适的温度传感器来进行温度测量。

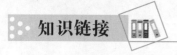

一、温度测量的基本概念

温度标志着物质内部大量分子无规则运动的剧烈程度。温度越高，物体内部分子热运动越剧烈。

温度的数值表示方法称为温标。它规定了温度的读数起点（即零点）以及温度单位，确定了各类温度计的刻度。

国际上规定的温标有摄氏温标、华氏温标和热力学温标等。摄氏温标和华氏温标对比如图 6-1 所示。热力学温标是建立在热力学第二定律基础上的最科学的温标，是由开尔文（Kelvin）根据热力学定律提出来的，因此又称为开氏温标。它的符号是 T，单位是开尔文（K）。开氏温度是以绝对零度（绝对零度则是宇宙间可能出现的最低温度）为基点的热力学度量温标，而温度升高 1K 和升高 1℃的温度增量相同。即 $t = T - 273.15℃$。所以，$1K = -272.15℃$。

图 6-1　摄氏温标和
华氏温标对比

二、温度测量及传感器分类

温度传感器按照用途可分为基准温度计和工业温度计；按照测量方法可分为接触式和非接触式；按工作原理可分为膨胀式、电阻式、热电式和辐射式等；按输出方式可分为自发电型、非电测型等。温度传感器的种类及特点如表 6-1 所示。

热膨胀温度传感器有液体、气体的玻璃式温度计、体温计，结构简单，应用广泛。

半导体热敏电阻传感器一般在家电、汽车上使用，其价格便宜、用量大、成本低、性能差别不大。

金属电阻、热电偶、红外温度传感器一般在工业上常用，它们的性能价格差别比较大，精度高的通常价格比较昂贵。

集成温度传感器，其利用晶体管 P-N 结电流、电压随温度变化，有专用集成电路，体积小、响应快、价格低廉，用于测量 150℃以下温度。

表 6-1 温度传感器的种类及特点

测温方法	传感器机理和类型		测温范围/℃	特点
接触式	体积热膨胀	玻璃水银温度计	−50~350	不需要电源，耐用；但感温部件体积较大
		双金属片温度计	−50~300	
		气体温度计	−230~1 000	
		液体压力温度计	−200~350	
	接触热电势	钨铼热电偶	1 000~2 100	自发电型，标准化程度高，品种多，可根据需要选择；须进行冷端温度补偿
		铂铑热电偶	50~1 800	
		其他热电偶	−200~1 200	
	电阻变化	铂热电阻	−200~850	标准化程度高；但需要接入桥路才能得到电压输出
		铜热电阻	−50~150	
		热敏电阻	−50~450	
	P−N 结电压	半导体集成温度传感器	−50~150	体积小，线性好；但测温范围小
	温度−颜色	示温涂料	−50~1 300	面积大，可得到温度图像；但易衰老，准确度低
		液晶	0~100	
非接触式	光辐射热辐射	红外辐射温度计	−80~1 500	响应快；但易受环境及被测体表面状态影响，标定困难
		光学高温温度计	500~3 000	
		热释电温度计	0~1 000	
		光子探测器	0~3 500	

示温涂料（变色涂料）涂在杯子图案上，装满热水后图案变得清晰可辨，如图 6-2（a）所示；变色涂料在电脑内部温度中的示温作用是当 CPU 散热风扇低温时显示蓝色，温度升高后变为红色，如图 6-2（b）所示。

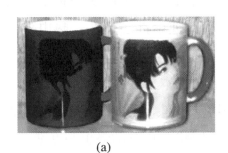

(a)　　　　　　　　　　　　　(b)

图 6-2 变色涂料的应用

（a）变色水杯；（b）电脑内部示温

三、热电偶测温度

热电偶是将温度转换为电压的热电式传感器，是工程上常用的一种温度检测传感器。它具有结构简单、使用方便、精度高、热惯性小、可测局部温度和便于远距离传送与集中检测、自动记录等优点。

　　热电偶是一种自发电式传感器，测量时不需要外加电源，可直接驱动动圈式仪表，能直接将被测温度转换成电动势输出。热电偶在温度测量中的应用具有结构简单、使用方便、测量精度高、测量范围广等优点。常用的热电偶测量范围为-50℃～1 600℃。如果搭配特殊材料，则其测量范围会更广。某些特殊热电偶最低可测到-270℃（如金、铁、镍和铬等），最高可测+2 800℃（如钨、铼等）高温。各温区中的热电动势均符合国际计量委员会的标准。

1. 热电偶的工作原理

　　将两种不同材料导体串接成一个闭合回路，如图6-3所示，如果两接合点的温度不同（$T \neq T_0$），则在两者间将产生电动势，而在回路中就会有一定大小的电流，这种现象称为热电效应或塞贝克效应。两种导体所组成的闭合回路称为热电偶，回路中的电动势称为热电动势；两个导体A和B称为热电极。测量温度时，两个热电极的一个接点1置于被测温度（T）中，称该点为测量端，也称为工作端或热端；另一个接点2置于某个恒定温度（T_0）的地方，称参考端或自由端、冷端。

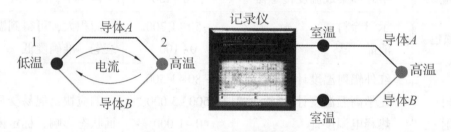

图6-3　热电偶测温原理

2. 热电动势的组成

　　热电偶传感器的热电动势由温差电动势和接触电动势两部分构成。温差电动势是金属两端因温度不同引起两端电子活跃程度不同，进而由一端向另一端移动的趋势引起；接触电动势是不同金属的电子活跃程度不同，不同金属的接触面上电子由从一种金属向另一种金属转移的趋势引起，这种趋势随温度变化而变化。实验与理论都已证明：热电偶回路的总电动势主要由接触电动势引起。

　　热电偶回路内要产生热电动势需要满足以下3个基本条件：

　　①热电偶的两个热电极必须是两种不同材料的均质导体，否则热电偶回路的总电动势为0 V。

　　②热电偶两接点温度必须不等，否则，热电偶回路总热电动势也为0 V。

　　③当热电偶材料均匀时，热电偶的热电动势只与两个接点温度有关，而与中间温度无关；与热电偶的材料有关，而与热电偶的尺寸、形状无关。

四、热电偶的材料及基本结构

1. 热电偶的材料

　　根据金属的热电效应，任意两种不同材料的导体都可以作为热电极组成热电偶，但是在实际应用中，用作热电极的材料应具备的条件是温度测量范围广、性能稳定、物理化学性能好。

一般来说，纯金属热电偶容易复制，但其热电动势小；非金属热电极的热电动势大、熔点高，但复制性和稳定性都较差；合金热电极的热电性能和工艺性能介于前面两者之间，所以目前合金热电极用得较多。常用的热电偶材料有铂铑、镍铬、镍硅、康铜、镍铜、纯铂丝等。

2. 热电偶的基本结构

为了适应不同生产对象的测温要求和条件，热电偶的结构形式有普通型热电偶、铠装热电偶和薄膜热电偶等。

（1）普通型热电偶

普通型热电偶结构如图6-4所示，主要用于测量气体、蒸汽和液体等介质的温度。普通型热电偶通常由热电极、绝缘管、保护管和接线盒等组成，在工业上使用最为广泛。

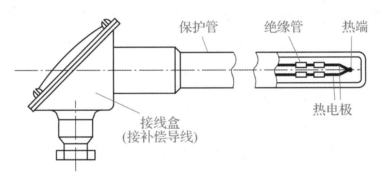

图6-4 普通型热电偶结构

热电极是热电偶的基本组成部分，使用时有正、负极性之分。热电极的直径大小由材料价格、机械强度、导电率、热电偶的用途和测量范围等因素决定。普通金属做成的热电极，其直径一般为0.5~3.2 mm；贵重金属做成的热电极，其直径一般为0.3~0.6 mm。热电极的长度则取决于应用需要和安装条件，通常为300~2 000 mm，常用长度为350 mm。

绝缘管用于热电极之间及热电极与保护管之间进行绝缘保护，防止两根热电极短路。其形状一般为圆形或椭圆形，中间开有两个或六个孔，热电极穿孔而过。制作绝缘管的材料一般为黏土、高铝或刚玉等，要求在室温下绝缘管的绝缘电阻应在5 MΩ以上，最常用的是氧化铝管和耐火陶瓷。

保护管是用来使热电极与被测介质隔离，保护热电偶感温元件免受被测介质化学腐蚀和机械损伤的装置。一般要求保护管应具有耐高温、耐腐蚀的特性，且导热性、气密性好。制作保护管的材料分为金属、非金属两类。

接线盒供热电偶与补偿导线连接之用。根据被测对象和现场环境条件，接线盒可分为普通式、防溅式（密封式）两种结构。

（2）特殊热电偶

为适应工业测温的特殊需要，如超高温、超低温、快速测温等，从而出现了一些特殊热电偶。下面介绍两种我国生产的特殊热电偶。

1）铠装热电偶

铠装热电偶也称缆式热电偶。它是由热电极、绝缘材料和金属保护套管一起拉制而成的坚实缆状组合体，如图 6-5 所示。它可以做得很细很长，使用中可根据需要任意弯曲，能解决微小、狭窄场合的测温问题，且具有抗震、可弯曲、超长等优点；测温范围通常在 1 100℃ 以下。其内部的热电偶丝与外界空气隔绝，有着良好的抗高温氧化、抗低温水蒸

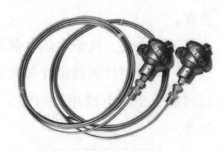

图 6-5　铠装热电偶

气冷凝、抗机械外力冲击的特性。其优点是测温端热容量小，因此热惯性小、动态响应快；寿命长，机械强度高，弯曲性好，可安装在结构复杂的装置上。

铠装热电偶的制造工艺：把热电极材料与高温绝缘材料预置在金属保护管中，运用同比例压缩延伸工艺将这 3 者合为一体，制成各种直径、规格的铠装偶体，再截取适当长度，将工作端焊接密封、配置接线盒，即成为柔软、细长的铠装热电偶。根据测量端的形式的不同，热电偶可分为单芯结构、碰底型、不碰底型、露头型和帽型，如图 6-6 所示。

单芯结构：外套管也为电极。

碰底型：测量端与外壳焊在一起。

不碰底型：常用结构。

露头型：强调响应速度，仅用于非腐蚀介质。

帽型：可用于腐蚀介质。

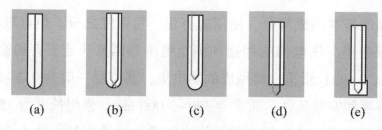

图 6-6　热电偶类型

（a）单芯结构；（b）碰底型；（c）不碰底型；（d）露头型；（e）帽型

2）薄膜热电偶

薄膜热电偶是将两种薄膜热电极材料用真空蒸镀、化学涂层等办法蒸镀到绝缘基板（云母、陶瓷片、玻璃及酚醛塑料纸等）上制成的一种特殊热电偶，如图 6-7 所示。这种薄膜热电偶的制作方法有许多种，如用真空蒸镀、化学涂层和电泳等。薄膜热电偶的特点是可以做得很小、很薄（0.01 ~ 0.1 μm），具有热容量小、响应速度快（毫秒级）等特点；适用于微小面

图 6-7　薄膜热电偶

积上的表面温度以及快速变化的动态温度的测量，测温范围在 300℃ 以下。薄膜热电偶是近年来发展起来的一种新结构型式，随工艺材料的不断改进，它将是一种很有前途的热电偶。

五、热电偶型号

标准型热电偶主要有铂铑$_{30}$-铂铑$_6$热电偶，分度号为"B"；铂铑$_{10}$-铂热电偶，分度号为"S"；镍铬-镍硅热电偶，分度号为"K"；镍铬-康铜热电偶，分度号为"E"；铁-康铜热电偶，分度号为"J"；铜-康铜热电偶，分度号为"T"。标准型热电偶的分度号、测温范围及特点如表6-2所示。

非标准型热电偶包括铂铑系、铱铑系及钨铼系热电偶等。

表6-2 标准型热电偶的分度号、测温范围及特点

名称	正热电极	负热电极	分度号	测温范围/℃	特点
铂铑$_{30}$-铂铑$_6$	铂铑$_{30}$	铂铑$_6$	B	0~1 700 超高温	适用于氧化性气体测温，测温上限高，稳定性好；在冶金、钢水等高温领域得到广泛应用；缺点是常温时热电动势小、价格高
铂铑$_{10}$-铂	铂铑$_{10}$	纯铂	S	0~1 600 超高温	适用于氧化性、惰性气体测温，热电性能稳定、抗氧化性强、精度高；但价格贵、热电动势较小；常用作标准热电偶或高温测量
镍铬-镍硅	镍-铬合金	镍-硅	K	-200~1 200 高温	适用于氧化和中性气体测温，测温范围很宽，热电动势与温度关系近似线性，热电动势大、价格低；稳定性不如B、S型热电偶，但是非贵金属热电偶中性能最稳定的一种；缺点是略有滞后现象、高温还原气体中易腐蚀
镍铬-康铜	镍-铬合金	铜-镍合金	E	-200~900 中温	适用于还原性或惰性气体测温，热电动势较其他热电偶大、稳定性好、灵敏度高、价格低；缺点是易氧化、高温时有滞后现象
铁-康铜	铁	铜-镍合金	J	-200~750 中温	适用于还原性气体测温，价格低、热电动势较大，仅次于E型热电偶；缺点是铁极易氧化。在-200~0℃可制成标准热电偶；缺点是铜极易氧化
铜-康铜	铜	铜-镍合金	T	-200~350 低温	适用于氧化性气体测温，测温上限高、稳定性好；在冶金、钢水等高温领域得到广泛应用；缺点是常温时热电动势小、价格高

六、热电偶的温度补偿

热电偶测量的是一个热源的温度或两个热源的温度差。为此，必须把冷端温度保持恒定或采用其他方法进行处理。由于一般热电偶的输出电压与温度成非线性关系，因此，其特性

不能用精确的数学关系描述，而是用特性分度表进行表征。一般手册上提供的热电偶特性分度表是在保持热电偶冷端温度 $T = 0℃$ 或 $T = 25℃$ 的条件下给出热电动势与热端温度的数值对照。因此，当使用热电偶测量温度时，如果冷端温度保持 $0℃$ 或 $25℃$，则只要正确测出热电动势，就可通过特性分度表查出所测的温度。

但实际测量中热电偶的冷端温度受环境或热源温度的影响，并不是 $0℃$ 或 $25℃$。为了使用特性分度表对热电偶进行标定，实现对温度的准确测量，必须对冷端温度变化所引起的温度误差进行补偿。补偿的方法有以下5种。

1. 零度恒温法

零度恒温器：将热电偶的冷端置于温度为 $0℃$ 的恒温器内（冰浴法）；用于实验室或精密的温度测量。

其他恒温器：将热电偶的冷端置于各种恒温器内，使之保持温度恒定，避免由于环境温度的波动而引起误差；这类恒温器的温度不为 $0℃$，须对热电偶进行冷端温度修正。

零度恒温法示意如图6-8所示。

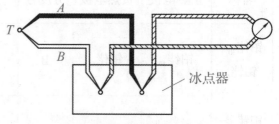

图6-8　零度恒温法示意

2. 补偿导线法

补偿导线法是指在实际测温时，需要把热电偶输出的电动势信号传输到远离现场数十米的控制室里的显示仪表或控制仪表，这样参考端温度也比较稳定。热电偶一般做得比较短，需要用导线将热电偶的冷端延伸出来。工程中采用一种补偿导线法，如表6-3所示。它通常由两种不同性质的廉价金属导线制成，而且在 $0℃ \sim 100℃$ 温度范围内，要求补偿导线和所配热电偶具有相同的热电特性，但价格相对便宜。

表6-3　补偿导线法

热电偶类型	补偿导线类型	补偿导线	
		正热电极	负热电极
铂铑$_{10}$-铂	铜-铜镍合金	铜	铜镍合金
镍铬-镍硅	Ⅰ型：镍铬-镍硅	镍铬	镍硅
镍铬-镍硅	Ⅱ型：铜-康铜	铜	康铜
镍铬-康铜	镍铬-康铜	镍铬	康铜
铁-康铜	铁-康铜	铁	康铜
铜-康铜	铜-康铜	铜	康铜

补偿导线在 $0℃ \sim 100℃$ 温度范围内的热电动势与配套的热电偶的热电动势相等，所以不影响测量精度；实质是将热电极延长。根据中间温度定律，只要热电偶和补偿导线的两个接点温度一致，就不会影响热电动势输出。

3. 计算修正法

计算修正法是指测量值再加上冷端温度到0℃的热电动势，现可利用计算机进行自动计算补偿。

4. 分度表修正法

在实际应用中，热电动势与温度之间的关系是通过热电偶分度表来确定的。分度表是在参考端温度为0℃时，通过实验建立起来的热电动势与工作端温度之间的数值对应关系，K型热电偶的分度表如表6-4所示。

表6-4　K型热电偶的分度表

工作端温度/℃	热电动势/mV	工作端温度/℃	热电动势/mV	工作端温度/℃	热电动势/mV	工作端温度/℃	热电动势/mV
−270	−6.458	0	0.000	270	10.971	540	22.350
−260	−6.441	10	0.397	280	11.382	550	22.776
−250	−6.404	20	0.795	290	11.795	560	23.203
−240	−6.344	30	1.203	300	12.209	570	23.629
−230	−6.262	40	1.612	310	12.624	580	24.055
−220	−6.158	50	2.023	320	13.040	590	24.480
−210	−6.035	60	2.436	330	13.457	600	21.905
−200	−5.891	70	2.851	340	13.874	610	25.330
−190	−5.730	80	3.267	350	14.293	620	25.755
−180	−5.550	90	3.682	360	14.713	630	26.179
−170	−5.354	100	4.096	370	15.133	640	26.602
−160	−5.141	110	4.509	380	15.554	650	27.025
−150	−4.913	120	4.920	390	15.975	660	27.447
−140	−4.66P	130	5.328	400	16.397	670	27.869
−130	−4.411	140	5.735	410	16.820	680	28.289
−120	−4.138	150	6.138	420	17.243	690	28.710
−110	−3.852	160	6.540	430	17.667	700	29.129
−100	−3.554	170	6.941	440	18.091	710	29.548
−90	−3.243	180	7.340	450	18.516	720	29.965
−80	−2.920	190	7.739	460	18.941	730	30.382
−70	−2.587	200	8.138	470	19.366	740	30.798
−60	−2.243	210	8.539	480	19.792	750	31.213
−50	−1.889	220	8.940	490	20.218	760	31.628
−40	−1.527	230	9.343	500	20.644	770	32.041
−30	−1.156	240	9.747	510	21.071	780	32.453
−20	−0.778	250	10.153	520	21.497	790	32.865
−10	−0.392	260	10.561	530	21.924	800	33.275

5. 电桥补偿法

电桥补偿法是利用不平衡电桥产生的电动势来补偿热电偶的，因冷端温度不在 0℃ 时引起的热电动势变化值，在热电偶与测温仪表之间串接一个直流不平衡电桥，电桥中的 R_1、R_2、R_3 由电阻温度系数很小的锰铜丝制作，另一桥臂的 R_C 由温度系数较大的铜线绕制，R_P 为限流电阻，其阻值因热电偶种类而异，电桥补偿原理如图 6-9 所示。电桥的 4 个电阻均和热电偶冷端处在同一环境温度，但由于 R_C 的阻值随环境温度变化而变化，使电桥产生的不平衡电压的大小和极性随着环境温度变化而变化，从而达到自动补偿的目的。

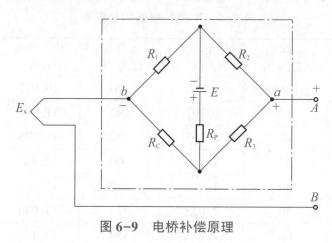

图 6-9 电桥补偿原理

【精益求精】

测量精度是热电偶的主要参数，是选择热电偶的依据之一，精度表示观测值与真实值接近的程度，本质上是一个质量概念；我们作为未来的工程师，对精度应有更深刻的理解和更深层次的追求。测量为质量评价、质量提升、质量强国提供判断依据，计量蕴含着精益求精的科学精神，在倡导满足人民日益增长的美好生活需要的今天，更加需要我们有坚定的理想信念，张扬以精益求精等为基本内涵的工匠精神（敬业、精益、专注、创新），增强中国特色社会主义道路自信、理论自信、制度自信、文化自信，立志肩负起民族复兴的时代重任。

七、热电偶的选用及安装

1. 热电偶的选用

应根据被测介质的温度、压力、介质性质、测温时间长短来选择热电偶和其保护套管。在工业应用中，热电偶的选择首先应根据被测温度的上限，正确地选择热电偶的热电极及保护套管；根据被测对象的结构及安装特点，选择热电偶的规格及尺寸。

常用的热电偶如下。

①铂铑$_{10}$-铂热电偶：属于贵重金属热电偶，正热电极为铂铑合金，负热电极为纯铂，短期工作温度为 1 600 ℃，长期工作温度为 1 300 ℃，物理、化学稳定性好，一般用于准确度要求较高的高温测量；但材料较贵，热电动势较小，分度号为 S。

②镍铬-镍硅热电偶：是非贵重金属中性能最稳定的一种，应用很广，正热电极极为镍-

铬合金，负热电极为镍–硅；短期工作温度为 1 200 ℃，长期工作温度为 900 ℃；此种热电偶的热电动势比上一种大 4~5 倍，而且线性度更好，误差一般在 6℃~8℃；但其热电极不易做得很均匀，较易氧化，稳定性差，分度号为 K。

③镍铬–康铜热电偶：正热电极为镍–铬合金，负热电极为铜–镍合金；短期工作温度为 900 ℃，长期工作温度为 60 ℃；是热电动势最大的一种热电偶，测量准确度较高，但极易氧化，分度号为 E。

④铜–康铜热电偶：是在低温下应用得很普遍的热电偶，测量温度范围为 –200℃~+350 ℃，稳定性好，低温时灵敏度高并且价格低廉，分度号为 T。

2. 热电偶的安装

热电偶安装时应放置在尽可能靠近所要测的温度控制点周围。为防止热量沿热电偶传走或保护管影响被测温度，热电偶应浸入所测流体之中，深度至少为直径的 10 倍。当测量固体温度时，热电偶应当顶着该材料或与该材料紧密接触。为了使导热误差减至最小，应减小接触点附近的温度梯度。

当用热电偶测量管道中的气体温度时，如果管壁温度明显地较高或较低，则热电偶将对其辐射或吸收热量，从而显著改变被测温度。这时，可以用一辐射屏蔽罩来使其温度接近气体温度，采用所谓的屏罩式热电偶。

选择测温点时应具有代表性，如果测量管道中的流体温度，则热电偶的测量端应处于管道中流速最大处。一般来说，热电偶的保护套管末端应越过流速中心线。

实际使用热电偶时特别要注意补偿导线的使用。通常接在仪表和接线盒之间的补偿导线，其热电性质与所用热电偶相同或相近，与热电偶连接后不会产生大的附加热电动势，不会影响热电偶回路的总热电动势。如果用普通导线来代替补偿导线，就起不到补偿作用，从而降低测温的准确性。所以，在安装仪表敷线时应注意：当补偿导线与热电偶连接时，极性切勿接反，否则测温误差反而会增大。

在实际测量中，如果测量值偏离实际值太多，除热电偶安装位置不当外，还有可能是热电偶偶丝被氧化、热电偶测量端焊点出现砂眼等。

任务6.2　热电阻传感器测量温度

任务描述

当炼铁高炉生产运行到了炉役后期时，原设计炉缸测温使用的预埋式热电耦大部分已经损坏，并且无法修复。由于炉役后期炉缸内陶瓷杯侵蚀严重，在没有炉缸测温系统的情况下，高炉运行人员无法掌握炉缸的腐蚀情况，生产运行具有很大的盲目性和危险性。若生产调整不当，则有穿炉的危险。为弥补这一缺陷，可以通过检测炉缸外皮的温度，间接反映内部砖衬的温度，从而有效监测高炉炉缸的状态。

此外汽车（电喷型）的气管进风量的测量，在进气口张拉一根白金丝（热电阻），通上一定的电流，白金丝通电发热，而其上的温度随进风量变化，白金丝的电阻随温度变化，然后测量白金丝上的电流就可得知进风量。

在生活中常常用到的电器如电磁炉、电压力锅、电饭煲、电烤箱、消毒柜、饮水机、微波炉、电取暖机、办公自动化设备（如复印机、打印机）等，以及工业、医疗、环保、气象、食品加工设备等的仪表线圈、集成电路、石英晶体振荡器等，这些都需要温度检测及温度补偿，采用热电偶在很多场合是不合适的，这时我们需要用到热电阻或热敏电阻。

本任务的目标就是认识热电阻和热敏电阻，合理使用温度传感器。

▍知识链接

电阻式温度传感器是利用导体或半导体材料的电阻值随温度变化而变化的原理来测量温度的。材料的电阻率随温度的变化而变化的现象称为热电阻效应。当温度升高时，虽然自由电子数目基本不变（当温度变化范围不是很大时），但每个自由电子的动能将增加，因而在一定的电场作用下，要使这些杂乱无章的电子做定向运动就会遇到更大的阻力，导致金属电阻值随温度的升高而增加。按制造材料来分，一般把由金属导体铂、铜、镍等制成的测温元件称为金属热电阻，简称热电阻；把由半导体材料制成的测温元件称为热敏电阻，它的灵敏度比前者高十倍以上。

一、热电阻

1. 热电阻基本工作原理

热电阻结构示意如图 6-10 所示。金属热电阻传感器，是利用金属导体的电阻值随温度的变化而变化的原理进行测温的。最基本的热电阻测温仪由热电极、补偿导线及显示仪表组成，如图 6-11 所示。热电阻广泛用来测量-220℃~850℃温度范围内的温度。在少数情况下，其低温可测量至-272℃，高温可测量至 1 000℃。金属热电阻常用的材料是铂和铜。标准铂电阻温度计的精确度高，可作为复现国际温标的标准仪器。

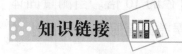

图 6-10　热电阻结构示意

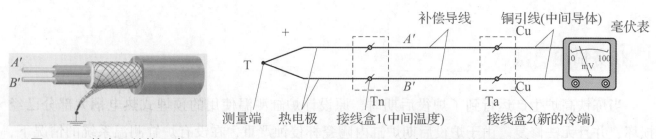

图 6-11　热电阻测温仪测量示意

作为热电阻的材料要求：电阻温度系数要大，以提高热电阻的灵敏度；电阻率尽可能大，以减小电阻体尺寸；热容量要小，以提高热电阻的响应速度；在测量范围内，应具有稳定的物理和化学性能；电阻与温度的关系最好接近线性；应有良好的可加工性，且价格便宜。热电阻＝电阻体（最主要部分）+绝缘套管+接线盒。云母铂电阻示意如图 6-12 所示，其绝缘套管材料是云母，云母起到绝缘、耐高温的作用。

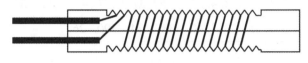

图 6-12　云母铂电阻示意

2. 常用热电阻

（1）铂热电阻

铂材料具有以下优点。

①物理、化学性能极为稳定，耐氧化能力强，温度在 1 200℃以下保持特性稳定。

②易于提纯，复制性好，有良好的工艺性。

③电阻率高。

但其也有如下缺点。

①电阻温度系数较小。

②在还原介质中工作时易被沾污变脆。

③价格较高。

铂热电阻主要作为标准电阻温度计，广泛应用于温度基准、标准的传递。铂容易提纯，其物理、化学性能在高温和氧化性介质中很稳定。铂热电阻的输出—输入特性接近线性，且测量精度高，所以能用作工业测温元件和作为温度标准。铂热电阻有 10、100、1 000 标准，对应分度号分别为 Pt10、Pt100、Pt1000，各有相应的分度表，即 R_t-T 的关系表。按国际温标 IPTS-68 规定，在-259.34℃ ~ 630.73℃温域内，以铂热电阻温度计作基准器。Pt100 铂热电阻分度表如表 6-5 所示。

表 6-5　Pt100 铂热电阻分度表

温度/℃	电阻/Ω									
	0	10	20	30	40	50	60	70	80	90
−200	18.49	—	—	—	—	—	—	—	—	—
−100	60.25	56.19	52.11	48.00	43.87	39.71	35.53	31.32	27.08	22.80
0	100.00	103.90	107.79	111.67	115.54	119.40	123.24	127.07	130.89	134.70
100	138.50	142.29	146.06	149.82	153.58	157.31	161.04	164.76	168.46	172.16
200	175.84	179.51	183.17	186.82	190.45	194.07	197.69	201.29	204.88	208.45
300	212.02	215.57	219.12	222.65	226.17	229.67	233.17	236.65	240.13	243.59
400	247.04	250.48	253.90	257.32	260.72	264.11	267.49	270.86	274.22	277.56

续表

温度/℃	电阻/Ω									
	0	10	20	30	40	50	60	70	80	90
500	280.90	284.22	287.53	290.83	294.11	297.39	300.65	303.91	307.15	310.38
600	313.59	316.80	319.99	323.18	326.35	329.51	332.66	335.79	338.92	342.03
700	345.13	348.22	351.30	354.37	357.37	360.47	363.50	366.52	369.53	372.52
800	375.51	378.48	381.45	384.40	387.34	390.26	—	—	—	—

（2）铜热电阻

铂金属贵重，价格昂贵，当测量精度要求不高，温度范围为-50℃~150℃的场合，普遍采用铜热电阻，其用于测量精度要求不高且温度较低的场合。$R_t = R_0 (1 + \alpha t)$，$\alpha = 4.28 \times 10^{-3}$/℃。两种分度号：Cu50（$R_0 = 50\ \Omega$），Cu100（$R_0 = 100\ \Omega$）。Cu50 铜热电阻分度表如表 6-6 所示。

表 6-6　Cu50 铜热电阻分度表

温度/℃	电阻/Ω									
	0	1	2	3	4	5	6	7	8	9
0	50	50.214	50.429	50.643	50.858	51.072	51.286	51.501	51.715	51.929
10	52.144	52.358	52.572	52.786	53	53.215	53.429	53.643	53.857	54.071
20	54.285	54.5	54.714	54.928	55.142	55.356	55.57	55.784	55.988	56.212
30	56.426	56.64	56.854	57.068	57.282	57.496	57.71	57.924	58.137	58.351
40	58.565	58.779	58.993	59.207	59.421	59.635	59.848	60.062	60.276	60.49
50	60.704	60.918	61.132	61.345	61.559	61.773	61.987	62.201	62.415	62.628
60	62.842	63.056	63.27	63.484	63.698	63.911	64.125	64.339	64.553	64.767
70	64.981	65.194	65.408	65.622	65.836	66.05	66.264	66.478	66.692	66.906
80	67.12	67.333	67.547	67.761	67.975	68.189	68.403	68.617	68.831	69.045
90	69.259	69.473	69.687	69.901	70.115	70.329	70.544	70.762	70.972	70.186
100	71.4	71.614	—	—	—	—	—	—	—	—
110	73.542	73.751	—	—	—	—	—	—	—	—
120	75.686	75.901	—	—	—	—	—	—	—	—
130	77.833	78.048	—	—	—	—	—	—	—	—
140	79.982	80.197	—	—	—	—	—	—	—	—
150	82.134	—	—	—	—	—	—	—	—	—

铜热电阻具有如下特点。

①容易提纯，价格便宜。

②铜的电阻与温度几乎是线性关系。

③电阻温度系数比较大。

但其也有如下缺点。

①热惯性较大，稳定性较差，易于氧化，一般只用于150℃以下的低温测量和没有水分及无侵蚀性介质的温度测量。

②与铂相比，铜的电阻率低，所以铜热电阻的体积较大。

（3）其他热电阻

铁/镍热电阻：电阻温度系数比铂和铜高，电阻率也较大，可做成体积小、灵敏度高的温度计；但易氧化，不易提纯且电阻与温度是非线性关系，仅用于-50℃~100℃的温度范围；用得较少。

铟电阻：温度范围为-269℃~-258℃，测量精度高，灵敏度高，但重现性差。

锰电阻：温度范围为-271℃~-210℃，灵敏度高，但脆性高，易损坏。

炭电阻：温度范围为-273℃~-268.5℃，热容量小，灵敏度高，价格低，易操作，但热稳定性较差。

3. 热电阻的结构

金属热电阻按其结构类型可分为普通型、铠装型和薄膜型等。

（1）普通型热电阻

普通型热电阻由热电阻元件、绝缘套管、引出线、保护套管及接线盒等基本部分组成。电阻丝采用双线并绕法（防止出现电感）绕制在具有一定形状的云母、石英或陶瓷塑料支架上，支架起支撑和绝缘作用，如图6-13所示。保护套管不仅用来保护热电阻敏感元件免受被测介质化学腐蚀和机械损伤，还具有导热功能，将被测介质温度快速传导至热电阻。

（2）铠装型热电阻

铠装型热电阻是由敏感元件（电阻体）、引线、高绝缘氧化镁、不锈钢套管等组成。这种结构保证了传感器在安装、弯曲时，不会损坏热电阻元件。与普通型热电阻相比，它具有体积小、内部无空气隙、热惯性小、测量滞后小；机械性能好、耐振动、抗冲击；能弯曲、便于安装；耐腐蚀、使用寿命长等优点。

（3）薄膜型热电阻

薄膜型热电阻主要是通过磁控溅射，脉冲激光沉积等方法制备，厚度低于 $10\mu m$，通常只有几百纳米的新型热敏电阻。相较于其他NTC热敏电阻，薄膜NTC热敏电阻有着更小的体积和更短的响应时间。这意味着它可以集成到非常高的集成电路中，用来实现精确测温等用途。随着集成电路的微型化和高集成度发展，薄膜化成为当前众多元器件的发展趋势，薄膜型热电阻广泛应用于各种分析测试过程。

薄膜型热电阻一般由衬底、薄膜功能层、电极构成。常用的衬底为 Al_2O_3、Si、AlN、玻璃

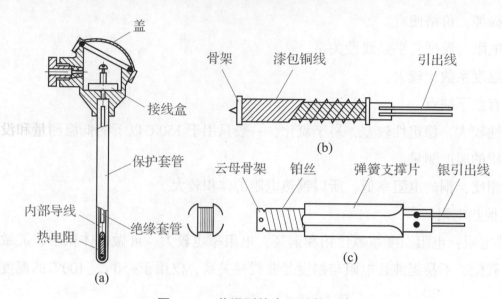

图 6-13　普通型热电阻结构示意

（a）热电阻；（b）铜热电阻结构示意；（c）铂热电阻结构示意

等；薄膜功能层可为单层、多层或者三明治结构；电极所用材料有 Au、Ag、Pt 等；结构为 Ag/NTC/SiO$_2$/Si 的薄膜热敏电阻如图 6-14（a）所示，其电极宽度、长度等尺寸如图 6-14（b）所示，用旋涂退火法制备得到的薄膜，其实物图如图 6-14（c）所示。常见的一种薄膜型热电阻传感器如图 6-15 所示。

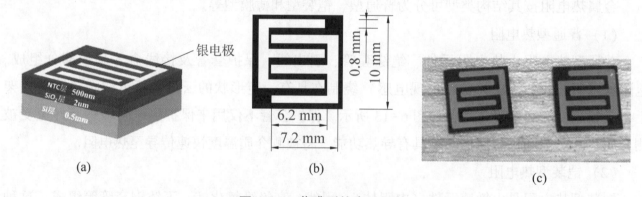

图 6-14　薄膜型热电阻结构

（a）整体结构图；（b）电极尺寸；（c）实物图

图 6-15　薄膜型热电阻传感器

4. 热电阻的测量电路

由于热电阻本身的阻值较小，故其随温度变化而引起的电阻变化值更小。例如，铂热电阻在零度时的阻值 $R_0 = 100\ \Omega$，铜热电阻在零度时的阻值 $R_0 = 100\ \Omega$。因此，在传感器与测量仪器之间的引线过长会引起较大的测量误差。在实际应用时，通常采用二线制、三线制或四线制的方式，如图 6-16 所示。

在图 6-16（a）所示的电路中，电桥输出电压 U_0 为

$$U_0 = \frac{I}{2} \times \frac{2R}{2R + R_t + R_r}\ (R_t - R_r)$$

当 $R \gg R_t$、R_r 时，有

$$U_0 = \frac{I}{2}\ (R_t - R_r)$$

式中：R_t——铂热电阻；

R_r——可调电阻；

R——固定电阻；

I——恒流源输出电流值。

（1）二线制

二线制的电路如图 6-16（b）所示。这是热电阻最简单的接入电路，也是最容易产生较大误差的电路。

图中的两个 R 是固定电阻；R_r 是为保持电桥平衡的电位器。二线制的接入电路由于没有考虑引线电阻和接触电阻带来的影响，故有可能产生较大的误差。如果采用这种电路进行精密温度测量，则整个电路必须在使用温度范围内校准。

（2）三线制

三线制的电路如图 6-16（c）所示。这是热电阻最实用的接入电路，可得到较高的测量精度。

图中的两个 R 是固定电阻；R_r 是为保持电桥平衡的电位器。三线制的接入电路考虑了引线电阻和接触电阻带来的影响。R_{11}、R_{12} 和 R_{13} 分别是传感器和驱动电源的引线电阻，一般来说，R_{11} 和 R_{12} 基本相等，而 R_{13} 不引入误差，所以这种接线方式可取得较高的精度。

（3）四线制

四线制的电路如图 6-16（d）所示。这是热电阻最高精度的接入电路。

图中 R_{11}、R_{12}、R_{13} 和 R_{14} 都是引线电阻和接触电阻。R_{11} 和 R_{12} 在恒流源回路中，不会引入误差；R_{13} 和 R_{14} 则在高输入阻抗的仪器放大器的回路中，也不会带来误差。

上述 3 种热电阻传感器的引入电路的输出，都需要后接高输入阻抗、高共模抑制比的仪器放大器。

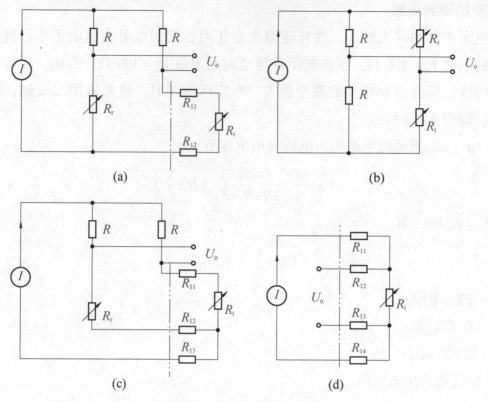

图 6-16　热电阻的接入方式

（a）电路原理；（b）二线制；（c）三线制；（d）四线制

二、热敏电阻

1. 热敏电阻的特性

热敏电阻是利用半导体的电阻值随温度变化而变化的原理来测量温度的。通常采用重金属氧化物锰、钛、钴等材料，在高温下烧结混合而成，测温范围是−50℃～300℃，阻值在常温下很大（数千欧），所以采用二线制接法即可。热敏电阻的阻值随温度改变显著，所需供电电流很小，但仍要注意电流的加热影响。热敏电阻的结构形式如图 6-17 所示。

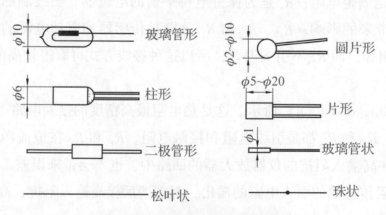

图 6-17　热敏电阻的结构形式

热敏电阻实物如图 6-18 所示。

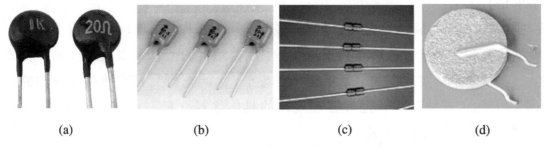

| (a) | (b) | (c) | (d) |

图 6-18 热敏电阻实物

（a）MF12 型 NTC 热敏电阻；（b）聚酯塑料封装热敏电阻；（c）MF58 型热敏电阻；
（d）大功率 PTC 热敏电阻

2. 热敏电阻的分类

热敏电阻按其温度特性通常分为两大类：负温度系数（NTC）热敏电阻和正温度系数（PTC）热敏电阻。NTC 热敏电阻和 PTC 热敏电阻都可以细分为指数变化型和突变型（又称临界温度型，CTR）。热敏电阻温度特性曲线如图 6-19 所示。

从热敏电阻温度特性曲线可知：热敏电阻的温度系数值远大于金属热电阻，所以灵敏度很高。在同温度情况下，热敏电阻阻值远大于金属热电阻，一般是金属热电阻的十几倍。所以连接导线电阻的影响极小，适用于远距离测量。热敏电阻 R_t-T 曲线非线性十分严重，所以其测量温度范围远小于金属热电阻。

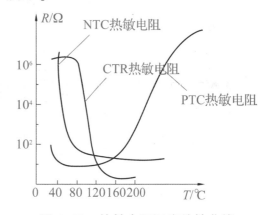

图 6-19 热敏电阻温度特性曲线

（1）负温度系数（NTC）热敏电阻

它在温度变化与电阻率变化之间呈线性关系，主要由锰、钴、镍、铁、铜等过渡金属氧化物混合烧结而成，特别适用于 -100℃ ~300℃ 温度范围内测温。

NTC 热敏电阻一般用于各种电子产品中作微波功率测量、温度检测、温度补偿、温度控制及稳压用，选用时应根据应用电路的需要选择合适的类型及型号。其测温范围一般为 -50℃ ~350℃，温度系数为 -(1~6)%/℃。

（2）正温度系数（PTC）热敏电阻

它是一种新型的测温器件，在温度变化与电阻率变化之间呈线性关系，由钛酸钡掺和稀土元素烧结而成，当温度超过某一数值时，其电阻值朝正的方向快速变化。

PTC 热敏电阻一般用于电冰箱压缩机启动电路、彩色显像管消磁电路、电动机过电流过热保护电路、限流电路及恒温电加热电路。

（3）突变型（CTR）热敏电阻

它具有负电阻突变特性，在某一温度下，电阻值随温度的增加急剧减小，具有很大的负温度系数，以三氧化二钒与钡、硅等氧化物，在磷、硅氧化物的弱还原气体中混合烧结而成，在某个温度上电阻急剧变化，具有开关特性。

【实事求是】

热敏电阻和热电阻尽管一字之差，但是功能用途差别很大。正所谓"没有调查，没有发言权"，科学研究和技术进步总是离不开调查，温度传感器的信息采集就是开展"调查"的重要手段之一。"科学是实实在在的，来不得半点虚假"，调查研究是唯物主义认识路线的具体体现，是发挥人的主观能动性、把握客观规律的具体途径，是一切从实际出发的根本方法，是贯彻实事求是思想路线的必然要求。

3. 热敏电阻的应用

热敏电阻的优点：尺寸小、热惯性小、结构简单，可根据不同要求制成各种形状；响应速度快、灵敏度高；化学稳定性好、机械性能好、价格低廉、使用方便、寿命长，易于远离测量。

热敏电阻的缺点：电阻随温度变化的曲线为非线性，且同一型号电阻的产品参数有较大差别，难于互相代换，即复现性和互换性差，非线性严重。

半导体热敏电阻传感器的优点：应用范围很广，可在宇宙飞船、医学、工业及家用电器等方面用作测温、控温、温度补偿、流速测量、液面指示等。热敏电阻体温表原理和实物如图 6-20 所示。

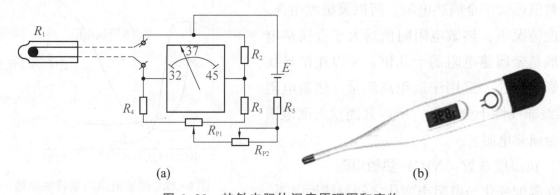

（a）　　　　　　　　　　　（b）

图 6-20　热敏电阻体温表原理图和实物

（a）原理图；（b）实物

图 6-21　温控器

热敏电阻在一些设备的功率管理中起着非常关键的作用，如手机、笔记本电脑等。如果充电电流很大，这些设备的电池完成充电就会很快。但同时也会存在过热的危险。如果过热使温度超过了电池的居里温度，那么电池的损坏就不能恢复。但如果充电电流太低，则电流充电时间就会很长。在电池电路中使用热敏电阻，就可以检测过大或过热的电流，从而调整充电的速率。电池开始充电时的电流会比较大，很短的时间内就可以以较大的充电电流快速充电；而当将要达到临界电流或临界温度时，可以控制充电的速度使之降低，从而比较平稳地完成充电。温控器如图 6-21 所示。

测量气体浓度和湿度

 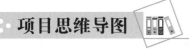

气敏传感器工作原理

气敏传感器分类

气敏传感器测量气体浓度

电阻式半导体气敏传感器
　　基本原理
　　气敏元件类型
　　电阻式半导体气敏传感器的特点

气敏传感器的应用

测量气体浓度和湿度

湿度的基本概念

湿度的测量方法
　　通过测定露点求湿度
　　绝对测湿法
　　其他测湿法

湿度传感器测量湿度

湿度传感器的分类
　　电阻式湿敏元件
　　电容式湿敏元件

湿度传感器的应用
　　监控文物环境的温湿度
　　风道管温湿度传感器
　　粮仓温湿度监控系统
　　湿度传感器应用注意事项

行业应用前景
　　食品行业
　　档案管理
　　温室大棚
　　动物养殖
　　药品储存
　　烟草行业
　　工控行业

项目教学目标

【知识目标】

（1）理解气敏传感器的定义、工作原理。

（2）熟悉气敏传感器、湿度传感器的主要类型。

（3）理解电阻式半导体气敏传感器基本原理。

（4）理解气敏元件类型、应用特性。

（5）理解湿度的相关概念、基本测量方法。

（6）理解湿敏电阻、湿敏电容的基本工作方式。

（7）理解气敏传感器、湿度传感器的应用和前景。

【技能目标】

（1）能复述并解释气敏传感器、湿度、湿度传感器的定义。

（2）能比较湿度的测量方法。

（3）能认识并理解气敏传感器、湿度传感器的主要类型和特性。

（4）会分析半导体式气敏传感器、电阻式湿敏元件的工作原理。

（5）能认识并理解气敏传感器、湿度传感器的应用。

【素养目标】

（1）通过不断探索新传感器，培养学生守正出新、要在坚持的基础上不断发展的能力，学习底蕴深厚的民族精神，培养自强不息、敢为天下先的创新精神。

（2）通过陶瓷湿敏元件学习，激发学生积极传承和弘扬民族精神，不断增强业务本领，将"青春梦"与"中国梦""世界梦"紧密相连，力争成为构建人类命运共同体的有生力量。

任务7.1　气敏传感器测量气体浓度

任务描述

在流程化生产中，成分是最直接的控制指标。对于化学反应过程，要求产量多，效率高；对于分离过程，要求得到更多的纯度合格产品。例如，氨的合成中，合成气体中一氧化碳和二氧化碳含量高，合成塔煤要中毒；氢氮比不适当，转化率要低。这些都需要进行气体分析。

随着工业现代化的进步，被人们所利用的和在生活、工业上排放出的气体种类、数量都日益增多。

瓦斯是矿井中煤或其他含炭物质在开采过程中形成的一种气体，主要成分为甲烷（即沼气）。它比空气轻、易燃烧、易爆炸。一般地，瓦斯聚集到一定的浓度（爆炸限 5.0% ~ 15.0%），遇到火源（如烟火和金属撞击产生的火花等），就会发生爆炸，并且无色、无味，因此不容易被人们发觉。

为了保护人类赖以生存的自然环境，防止不幸事故的发生，我们需要对各种有害、可燃性气体在环境中存在的情况进行有效的监控。因此气体成分、物性的测量和控制非常重要。

每年因家庭使用煤炉、各种燃气不当致死数以万计。另外，还有一些惰性气体，它们的浓度超标能够引起氧气的缺乏。一般认为，氧气从 20.9% 减小到 19.5% 就会引起人感觉上的不适，发生危险；而如果氧气浓度减小到 18% 就会致命。

还有一些有毒、有害气体，如家居装修刚结束时产生的异味（甲醛）等，如果浓度超标也会引起人们的生命危险。

为了保障生命财产安全，要对厨房可燃性气体泄漏进行检测。那么厨房可燃性气体应怎样进行检测呢？

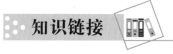

一、气敏传感器工作原理

气敏传感器是一种把气体中的特定成分检出，并将它转换为电信号的器件，以便提供有关待测气体的存在及浓度大小的信息。

气敏传感器又称为气体传感器，是一种将检测到的气体的成分和浓度转换为电信号的传感器。气敏电阻的材料是金属氧化物，制作上是通过化学计量比的偏离和杂质缺陷制成的，金属氧化物在常温下是绝缘体，制成半导体后却显示气敏特性。

气敏半导体材料，如氧化锡（SnO_2）、氧化锰（MnO_2）等金属氧化物制成的敏感元件，当它们吸收了可燃性气体的烟雾，如氢、一氧化碳、烷、醚、醇、苯以及天然气、沼气等时，会发生还原反应，放出热量，使敏感元件温度增高，电阻发生变化。电阻式气敏传感器正是利用气敏半导体材料的这种特性，将气体的成分和浓度（典型气敏元件的阻值—浓度关系）转换成电信号，进行监测和报警。

气敏元件特性曲线如图 7-1 所示，从图中可以看出，元件对不同气体的敏感程度不同，如对乙醚、乙醇、氢气等具有较高的灵敏度，而对甲烷的灵敏度较低。一般随气体浓度的增加，元件阻值明显增大，在一定范围内呈线性关系。

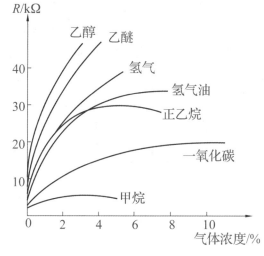

图 7-1　气敏元件特性曲线

二、气敏传感器分类

由于被测气体的种类繁多，性质各不相同，不可能用一种传感器来检测所有的气体，所以气敏传感器的种类也有很多。气敏传感器的分类方法主要有以下 5 种。

①按传感器检测原理分为半导体式气敏传感器、接触燃烧式气敏传感器、化学反应式气

敏传感器、光干涉式气敏传感器、热传导式气敏传感器和红外线吸收散射式气敏传感器等。其类型及特点如表7-1所示。从材料、结构和应用范围来看，目前仍以半导体式气敏传感器居多，这类传感器一般多用于气体的粗略鉴别和定性分析，具有结构简单、使用方便的优点。但近年来以氧化锆陶瓷材料为主的离子导电式气敏传感器发展十分迅速，并已成为发展新型传感器的一个研究热点。

②按检测气体种类分为可燃气敏传感器（常采用催化燃烧式、红外、热导、半导体式）、有毒气敏传感器（一般采用电化学、金属半导体、光离子化、火焰离子化式）、有害气敏传感器（常采用红外线等）、氧气（常采用顺磁式、氧化锆式）等其他类传感器。

③按使用方法分为便携式气敏传感器和固定式气敏传感器。

④按获得气体样品的方式分为扩散式气敏传感器（即传感器直接安装在被测对象环境中，实测气体通过自然扩散与传感器检测元件直接接触）、吸入式气敏传感器（指通过使用吸气泵等手段，将待测气体引入传感器检测元件中进行检测；根据被测气体是否稀释，又可细分为完全吸入式和稀释式等）。

⑤按分析气体组成分为单一式气敏传感器（仅对特定气体进行检测）和复合式气敏传感器（对多种气体成分进行同时检测）。

表7-1　按传感器检测原理分气敏传感器的类型及特点

类型	原理	检测对象	特点
半导体式	若气体接触到加热的金属氧化物（SnO_2、Fe_2O_3、ZnO等），电阻值会增大或减小	还原性气体、城市排放气体、丙烷等	灵敏度高，构造与电路简单，但输出与气体浓度不成比例
接触燃烧式	可燃性气体接触到氧气就会燃烧，使作为气敏材料的铂丝温度升高，电阻值相应增大	可燃性气体	输出与气体浓度成比例，但灵敏度较低
化学反应式	利用化学溶剂与气体反应产生的电流、颜色、电导率的增加等	一氧化碳、氢气、甲烷、乙醇、二氧化硫等	气体选择性好，但不能重复使用
光干涉式	利用与空气的折射率不同而产生的干涉现象	与空气折射率不同的气体，如二氧化碳等	寿命长，但选择性差
热传导式	根据热传导率差而放热的发热元件的温度降低进行检测	与空气热传导率不同的气体，如氢气等	构造简单，但灵敏度低、选择性差
红外线吸收散射式	根据红外线照射气体分子谐振而产生的吸收或散射进行检测	一氧化碳、二氧化碳等	能定性测量，但装置大、价格高

半导体式气敏传感器具有灵敏度高、响应快、稳定性好、使用简单的特点，应用极其广泛。目前，国产半导体式气敏传感器常用于工业上天然气、煤气、石油化工等部门的易燃、

易爆、有毒、有害气体的监测、预报和自动控制。下面重点介绍半导体式气敏传感器及其气敏元件。电阻式半导体气敏传感器是目前应用广泛的气敏传感器之一。

三、电阻式半导体气敏传感器

半导体式气敏传感器是利用半导体气敏元件（主要是金属氧化物）同待测气体接触时，通过测量半导体的电导率等物理量的变化来实现检测特定气体的成分或者浓度的。

半导体式气敏传感器可分为电阻式和非电阻式半导体两类。如表 7-2 所示，电阻式半导体气敏传感器是用氧化锡、氧化锌等金属氧化物材料制作成敏感元件，利用敏感材料接触气体时其电阻值的变化来检测气体的成分或浓度的；非电阻式半导体气敏元件主要有 MOS 二极管和结型二极管以及场效应晶体管（MOSFET），非电阻式半导体气敏传感器也是一种半导体器件，它们与被测气体接触后，如二极管的伏安特性或场效应晶体管的阈值电压等将发生变化。根据这些特性的变化来测定气体的成分或浓度。气敏传感器通常由气敏元件、加热器和封装体组成。

表 7-2　半导体式气敏传感器类型

类型	主要物理特性	传感器举例	工作温度	代表性被测气体
电阻式	表面控制型	氧化锡、氧化锌	室温～450℃	可燃性气体
	体控制型	氧化钛、氧化钴、氧化镁、氧化锡	300℃～450℃ 700℃以上	乙醇、可燃性气体、氧气
非电阻式	表面电位	氧化锡	室温	硫醇
	二极管整流特性	铂/硫化锡、铂/氧化钛	室温～200℃	氢气、一氧化碳、乙醇
	晶体管特性	铂栅 MOS 场效应晶体管	150℃	氢气、硫化氢

1. 基本原理

构成电阻式半导体气敏传感器的核心——气敏电阻的材料一般都是金属氧化物，在合成材料时，按化学计量比的偏离和杂质缺陷合成。金属氧化物半导体分为 N（Negative）型半导体（如氧化锡、氧化锌、氧化铁等）和 P（Positive）型半导体（如氧化钼、氧化铬、氧化钴、氧化铅、氧化铜、氧化镍等）。为了提高气敏元件对某些气体成分的选择性和灵敏度，在合成材料时还可添加其他一些金属元素催化剂，如钯、铂、银等。

金属氧化物在常温下是绝缘的，制成半导体后却显示气敏特性。通常元件工作在空气中，空气中的氧和二氧化氮这样的电子兼容性大的气体，接受来自半导体材料的电子而吸附负电荷，结果使 N 型半导体材料的表面空间电荷层区域的传导电子减少，使表面电导减小，从而使元件处于高阻状态。一旦元件与被测还原性气体接触，就会与吸附的氧发生反应，将被氧束缚的电子释放出来，敏感膜表面电导增加，使元件电阻减小。

该类气敏元件通常工作在高温状态（200℃~450℃），目的是加速上述的氧化还原反应。

例如，用氧化锡制成的气敏元件，在常温下吸附某种气体后，其电导率变化不大，若保持这种气体浓度不变，则该器件的电导率随器件本身温度的升高而增加，尤其在100℃~300℃温度范围内电导率变化很大，如图7-2所示。显然，半导体电导率的增加是由于多数载流子浓度增加的结果。

气敏元件工作时需要本身的温度比环境温度高很多。因此，在气敏元件的结构中，有电阻丝加热器。在气敏元件的基本测量电路中（见图7-3），当所测气体浓度发生变化时，气敏电阻的阻值发生变化，从而使输出发生变化。

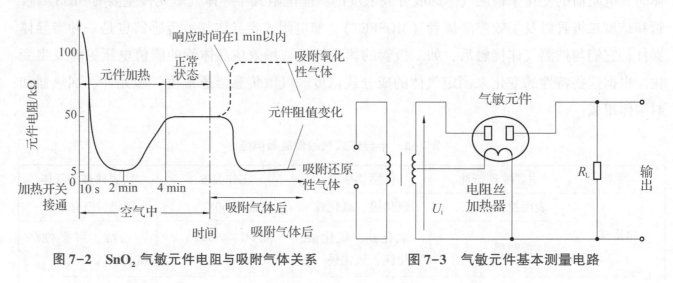

图7-2　SnO₂气敏元件电阻与吸附气体关系　　　　图7-3　气敏元件基本测量电路

2. 气敏元件类型

气敏元件种类有很多，按制造工艺分为烧结型、薄膜型和厚膜型。

（1）烧结型气敏元件

烧结型气敏元件是指将元件的电极和加热器均埋在金属氧化物气敏材料中，经加热成型后低温烧结而成。目前最常用的是氧化锡（SnO₂）烧结型气敏元件，用来测量还原性气体。它的加热温度较低，一般在200℃~300℃，SnO₂气敏半导体对许多可燃性气体，如氢气、一氧化碳、甲烷、丙烷、乙醇等都有较高的灵敏度。

烧结型气敏元件应用最广泛，敏感体用粒径很小（平均粒径≤1 μm）的SnO₂粉体为基本材料，根据需要添加不同的添加剂，混合均匀作为原料。SnO₂的基本性质：白色粉末，不溶于水，能溶于热强酸和碱。SnO₂晶体结构属于四方晶系，具有金红石型结构；经实验发现，多晶SnO₂对多种气体具有气敏特性；多孔型SnO₂半导体材料，其电导率随接触的气体种类变化。

烧结型气敏元件优点：工艺简单，成本低。其缺点：热容量小，易受环境气流的影响；测量回路与加热回路互相影响。烧结型气敏元件如图7-4所示。

烧结型气敏元件根据加热方式，分为直热式和旁热式两种。旁热式气敏元件结构及图形符号如图 7-5 所示，克服了直热式结构的缺点，器件的稳定性得到提高。气敏元件外形和空气质量外形如图 7-6 所示。基本测量电路如图 7-7 所示。

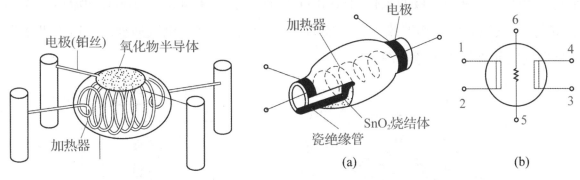

图 7-4　烧结型气敏元件

图 7-5　旁热式气敏元件结构及图形符号

（a）结构；（b）图形符号

（2）薄膜型气敏元件

对于烧结型气敏元件，工作温度高，使敏感层易发生物理、化学变化，导致性能发生变化，掺杂贵金属催化剂能提高灵敏度，一旦与有毒气体（SO_2）接触，将会出现"中毒"现象。而薄膜型气敏元件工作温度低。

工艺：采用蒸发或溅射的方法，在处理好的石英基片上形成一薄层金属氧化物薄膜（如 SnO_2、ZnO 等），再引出电极。氧化锌（ZnO_2）薄膜型气敏元件以石英玻璃或陶瓷作为绝缘基片，通过真空镀膜在基片上蒸镀锌金属，用铂或钯膜作引出电极，最后将基片上的锌氧化。氧化锌敏感材料是 N 型半导体，当添加铂作催化剂时，对丁烷、丙烷、乙烷等烷烃类气体有较高的灵敏度，而对氢气和一氧化碳等气体灵敏度很低。若用钯作催化剂时，对氢气和一氧化碳有较高的灵敏度，而对烷烃类气体灵敏度低。因此，这种元件有良好的选择性，工作温度在 400℃～500℃。

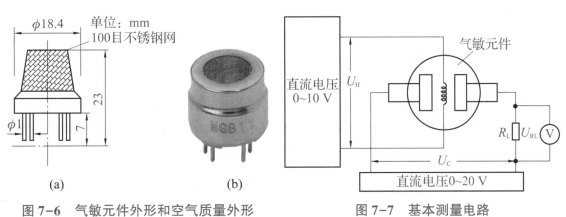

图 7-6　气敏元件外形和空气质量外形

（a）气敏元件外形；（b）空气质量外形

图 7-7　基本测量电路

优点：灵敏度高、响应迅速、机械强度高、互换性好、产量高、成本低等。

薄膜型气敏元件结构示意如图 7-8 所示。

（3）厚膜型气敏元件

将气敏材料（如 SnO_2、ZnO）与一定比例的硅凝胶混制成能印刷的厚膜胶。把厚膜胶用丝网印刷到事先安装有铂电极的氧化铝（Al_2O_3）基片上，在 400℃ ~ 800℃ 的温度下烧结 1~2 h 便制成厚膜型气敏元件。用厚膜工艺制成的器件一致性较好，机械强度高，适于批量生产。

厚膜型气敏元件结构示意如图 7-9 所示。

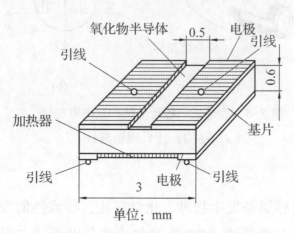

图 7-8　薄膜型气敏元件结构示意

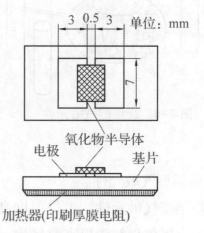

图 7-9　厚膜型气敏元件结构示意

以上 3 种气敏元件都附有加热器，在实际应用时，加热器能使附着在测控部分上的油雾、尘埃等烧掉，同时加速气体氧化还原反应，从而提高器件的灵敏度和响应速度。

3. 电阻式半导体气敏传感器的特点

电阻式半导体气敏传感器的优点是工艺简单、价格便宜、使用方便，气体浓度发生变化时响应快，即使是在低浓度下，灵敏度也较高；缺点是稳定性差、老化较快、气体识别能力不强、各器件之间的特性差异大等。

目前，电阻式气敏传感器已广泛应用于液化石油气、管道煤气等可燃性气体的泄漏检测、（浓度）定限报警等领域。

四、气敏传感器的应用

气敏传感器在民用领域的应用：主要体现在检测天然气、液化石油气和城市煤气等民用燃气的泄漏；检测微波炉中食物烹调时产生的气体，从而自动控制微波炉烹调食物；住房、大楼、会议室和公共娱乐场所，用来检测二氧化碳、烟雾、臭氧和难闻气体，并控制空气净化器或电风扇自动运转；高层建筑物用于检测火灾苗头并报警。目前，民用领域是半导体式气敏传感器的主要应用领域。主要是因为半导体式气敏传感器的价格便宜，性能也能满足民用报警器的要求。

气敏传感器在工业领域的应用：主要体现在石化工业中检测二氧化碳、氮氧化合物、硫氧化物、氨气、硫化氢及氯气等有害气体；半导体和微电子工业检测有机溶剂和磷烷等剧毒气体；电力工业检测电力变压器油变质过程中产生的氢气；食品工业检测肉类等易腐败食物的新鲜度；汽车和窑炉工业检测废气中氧气，以控制燃烧，实现节能和环保双重目标；公路交通检测驾驶员呼气中乙醇气浓度，防止酒后开车，减少交通事故。

环境检测当然也离不开气敏传感器，如应用传感器检测氮的氧化物、硫的氧化物、氯化氢等引起酸雨的气体；检测二氧化碳、甲烷、一氧化二氮、臭氧、氟利昂等温室效应气体；检测氨气、硫化氢和难闻气体等。气敏传感器如图7-10所示。有毒气体的检测如图7-11所示。汽车尾气传感器和氧气浓度传感器如图7-12所示。

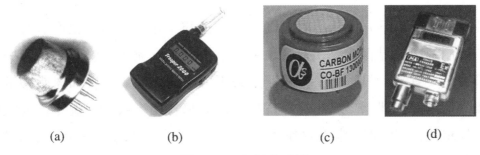

    （a）   （b）   （c）   （d）

图7-10 气敏传感器

（a）二氧化碳传感器；（b）酒精浓度传感器；（c）氨气传感器；（d）甲烷传感器

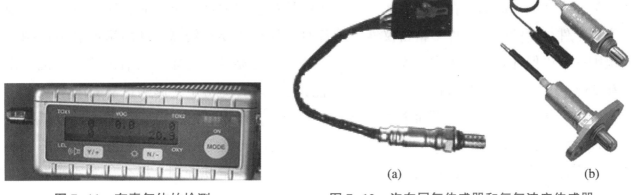

图7-11 有毒气体的检测

图7-12 汽车尾气传感器和氧气浓度传感器

（a）汽车尾气传感器；（b）氧气浓度传感器

【守正出新】

气敏传感器检测各种气体浓度，为我们的生产、生活保驾护航，而且还在不断地向着提供智能控制、智慧化生活方向发展。我们既要使用好已有的传感器，还要不断探索新型气敏传感器。传统的不等于过时的，只要是精华的，仍然要坚持，并且要在坚持的基础上不断发展，正所谓守正出新。中华民族几千年发展的历史，留下了许多经典的传统文化，为我们今天凝聚起文化自信，以及底蕴深厚的民族精神，如爱国主义、团结统一、爱好和平、勤劳勇敢、自强不息、敢为天下先等，为我国发展和人类文明进步提供着强大精神动力。

任务7.2　湿度传感器测量湿度

任何行业的工作都离不开空气，而空气的湿度又与工作、生活、生产有直接的联系，使湿度的监测与控制越来越显得重要。天气测量和预报对工农业生产、军事及人民生活和科学实验等方面都有重要意义，因而湿度传感器是必不可少的测湿设备，如树脂膨散式湿度传感器已用于气象气球测湿仪器上。现代农林畜牧各产业都有相当数量的温室，温室的湿度控制与温度控制同样重要，把湿度控制在农作物、树木、畜禽等生长适宜的范围，是减少病虫害、提高产量的条件之一。

在纺织、电子、精密机器、陶瓷工业等领域，空气湿度直接影响产品的质量和产量，必须有效地进行监测调控。储藏的各种物品对环境均有一定的适应性，湿度过高或过低均会使物品丧失原有性能。例如，在高湿度地区，电子产品在仓库损害严重，非金属零件会发霉变质，金属零件会腐蚀生锈。许多精密仪器、设备对工作环境要求较高。环境湿度必须控制在一定范围内，以保证它们的正常工作，提高工作效率及可靠性。例如，电话程控交换机工作湿度在55%±10%较好。温度过高会影响绝缘性能，过低易产生静电，影响正常工作。

人体有可能因空气过分干燥而失水，造成皮肤干裂，干渴难忍，也有可能因过分潮湿而引起各种疾病。食品、纸张、烟草、机器、武器、弹药、药品等都有可能因潮湿而霉坏、变质或失去原有的性能。因此，人类很早就十分重视湿度的测量和控制。那么，如何通过湿度传感器来测量湿度呢？

知识链接

一、湿度的基本概念

湿度是指物质中所含水蒸气的量，目前的湿度传感器多数是测量气体中的水蒸气含量。通常用相对湿度、绝对湿度、饱和湿度和露点（或露点温度）来表示。

（1）相对湿度

在计量法中规定，湿度定义为"物象状态的量"。日常生活中所指的湿度为相对湿度，用%RH表示，即气体中（通常为空气中）所含水蒸气量（水蒸气压）与同温度下饱和水蒸气量的百分比。

（2）绝对湿度

绝对湿度指单位容积的空气里实际所含的水汽量，一般以克为单位。温度对绝对湿度有着直接影响，一般情况下，温度越高，水蒸气蒸发得越多，绝对湿度就越大；相反，绝对湿度就越小。

（3）饱和湿度

饱和湿度是指在一定温度下，单位容积空气中所能容纳的水汽量的最大限度。如果超过这个限度，则多余的水蒸气就会凝结，变成水滴，此时的空气湿度称为饱和湿度。空气的饱和湿度不是固定不变的，它随着温度的变化而变化。温度越高，单位容积空气中能容纳的水蒸气就越多，饱和湿度也就越大。

（4）露点

露点是指含有一定量水蒸气（绝对湿度）的空气，当温度下降到一定程度时所含的水蒸气就会达到饱和状态（饱和湿度）并开始液化成水，这种现象称为凝露。水蒸气开始液化成水时的温度称为露点温度，简称露点。如果温度继续下降到露点以下，则空气中超饱和的水蒸气就会在物体表面凝结成水滴。此外，风与空气中的温湿度有密切关系，也是影响空气温湿度变化的重要因素之一。

二、湿度的测量方法

1. 通过测定露点求湿度

如果露点预先知道，那么从饱和水蒸气压表中就能查出该露点下的水蒸气压，从而求出绝对湿度或相对湿度。

有两种露点计，一种是冷却式露点计，另一种是加热式露点计。冷却式露点计是把保持一定压力的气体冷却，通过检测是否结露来求露点的露点计；加热式露点计是根据氯化物水溶液的水蒸气压与温度、浓度的关系来求露点。

2. 绝对测湿法

绝对测湿法是指设法吸收试样气体所含水蒸气，然后再测出水蒸气的质量，从而测量绝对湿度。

3. 其他测湿法

其他测湿法有毛发湿度计法、干湿球温度计法、湿敏元件法。

（1）毛发湿度计法

按毛发伸长来衡量湿度的方法称为毛发湿度计法。人的头发有一种特性，它吸收空气中水汽的多少是随相对湿度的增大而增加的，而毛发的长短又和它所含有的水分多少有关。利用这一变化即可制造毛发湿度计。用酒精等将毛发洗净，以毛发十根为一束装置在容器中，利用杠杆原理，扩大它的伸缩指针直接在刻度板上指出湿度。另有一种方法是将头发的一端固定，而另一端挂一小砝码，为能够看清楚头发长短的变化，而将头发绕过一个滑轮，同时在滑轮上安一长指针。由于砝码本身的重量作用，而使头发紧紧地压在滑轮上。当头发伸长时，滑轮就做顺时针方向转动，并带动指针沿弧形向下偏转；而当头发缩短时，指针则向上转动。设空气完全干燥时，指针所指的位置为0。空气中水蒸气达到饱和状态时，指针所指的地方算作100，再用干湿球湿度计和它相核对，刻出度数，这样就可以直接测出空气的相对湿度了。毛发湿度计的优点是构造简单，使用方便，唯一的缺点是不够准确。

（2）干湿球温度计法

干湿球温度计法的工作原理是干湿球温度计由两支规格完全相同的温度计组成，一支称为干球温度计，其温泡暴露在空气中，用以测量环境温度；另一支称为湿球温度计，其温泡用特制的纱布包裹起来，并设法使纱布保持湿润，纱布中的水分不断向周围空气中蒸发并带走热量，使湿球温度下降。

水分蒸发速率与周围空气含水量有关，空气湿度越低，水分蒸发速率越快，导致湿球温度越低。可见，空气湿度与干湿球温差之间存在某种函数关系。干湿球温度计就是利用这一现象，通过测量干球温度和湿球温度来确定空气湿度的。

（3）湿敏元件法

湿敏元件按照工作原理不同主要分为两大类：水分子亲和力型、非水分子亲和力型。水分子有较大的偶极矩，因而易于附着并渗入固体表面内。利用此现象制成的湿敏元件称为水分子亲和力型湿敏元件；另一类湿敏元件与水分子亲和力毫无关系，称为非水分子亲和力型湿敏元件。

三、湿度传感器的分类

湿度传感器是一种能感受外界湿度变化，并通过器件材料的物理或化学性质变化，将环境湿度变换为电信号的装置。它主要由湿敏元件和转换电路组成，除此之外还包括一些辅助元件，如辅助电源、温度补偿、输出显示设备等，湿度传感器实物（土壤湿度传感器）如图7-13所示。

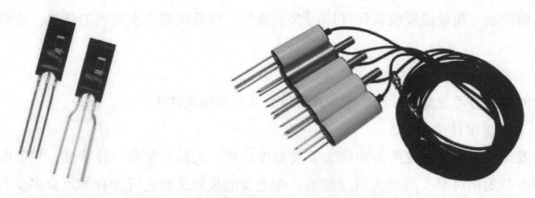

图7-13 湿度传感器实物（土壤湿度传感器）

湿敏元件是最简单的湿度传感器。湿敏元件主要有电阻式、电容式两大类。

湿敏电阻的特点是在基片上覆盖一层用感湿材料制成的膜，当空气中的水蒸气吸附在感湿膜上时，元件的电阻率和电阻值都发生变化，利用这一特性即可测量湿度。

湿敏电容一般是用高分子薄膜电容制成，常用的高分子材料有聚苯乙烯和聚酰亚胺、酪酸醋酸纤维等。当环境湿度发生变化时，湿敏电容的介电常数发生变化，使其电容量也发生变化，其电容变化量与相对湿度成正比。电容式湿度传感器外形如图 7-14 所示。

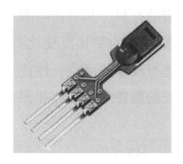

图 7-14 电容式湿度传感器外型

1. 电阻式湿敏元件

（1）氯化锂湿敏电阻

氯化锂湿敏电阻是利用物质吸收水分子而使导电潮解，使离子导电率发生变化而制成的测湿元件。

在氯化锂（LiCl）溶液中，Li 和 Cl 均以正、负离子的形式存在，而 Li^+ 对水分子的吸引力强，离子水合程度高，溶液中的离子导电能力与浓度成正比。当溶液置于一定温湿场中时，若环境相对湿度高，溶液将吸收水分，使浓度降低，因此，其溶液电阻率增高；反之，当环境相对湿度低时，溶液浓度升高，其电阻率下降，从而实现对湿度的测量。梳状氯化锂电阻如图 7-15 所示，柱状氯化锂电阻如图 7-16 所示。

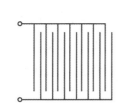　　　　　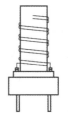

图 7-15 梳状氯化锂电阻　　　图 7-16 柱状氯化锂电阻

新型氯化锂湿度传感器具有长期工作滞后小、稳定性好、精度高、响应迅速、不受测试环境风速影响等优点，但在有结露时易失效，特别适合空调系统使用。

（2）半导体陶瓷湿敏电阻

半导体陶瓷湿敏电阻通常是用两种以上的金属氧化物半导体，在高温 1 300℃下烧结而成的多孔陶瓷。这些材料有 $ZnO-LiO_2-V_2O_5$ 系、$Si-Na_2O-V_2O_5$ 系、$TiO_2-MgO-Cr_2O_3$ 系、Fe_2O_3 等，前 3 种材料的电阻率随湿度增加而下降，故称为负特性湿敏半导体陶瓷，简称负特性半导瓷；最后一种的电阻率随湿度增大而增大，故称为正特性湿敏半导体陶瓷，简称正特性半导瓷，但正特性半导瓷的总电阻值的升高没有负特性半导瓷的阻值下降得那么明显。

1）MgCr$_2$O$_4$-TiO$_2$湿敏元件

氧化镁复合氧化物-二氧化钛湿敏材料通常制成多孔陶瓷型"湿—电"转换器件，它是负特性半导瓷，MgCr$_2$O$_4$为 P 型半导体，它是性能较好的湿敏材料，其表面电阻率能在很宽的范围内随湿度的变化而变化，而且能在高温条件下进行反复热清洗，性能仍保持不变。去掉外壳的陶瓷湿敏元件如图7-17 所示。

2）ZnO-Cr$_2$O$_3$陶瓷湿敏元件

ZnO-Cr$_2$O$_3$陶瓷湿敏元件能连续稳定地测量湿度，而无须加热除污装置，因此功耗低、体积小、成本低，是一种常用的湿度传感器。

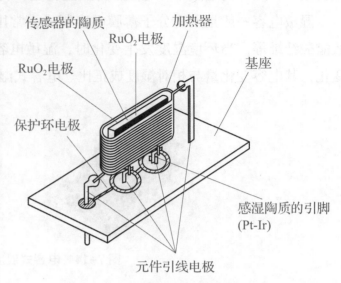

图 7-17　去掉外壳的陶瓷湿敏元件

陶瓷湿敏传感器具有较好的热稳定性和较强的抗污能力，能在恶劣、易污染的环境中测得准确的湿度数据等优点。另外，陶瓷湿敏传感器测湿范围宽，基本上可以实现全湿范围内的湿度测量；工作温度高，常温陶瓷湿敏传感器的工作温度在 150℃ 以下，而高温陶瓷湿敏传感器的工作温度可达 800℃；响应时间短，精度高，工艺简单，成本低等，所以在实际应用中占有很重要的位置。

【"青春梦"与"中国梦"】

陶瓷湿敏元件在我国有广阔的市场。在工农业生产、建筑、轻纺、气象等方面都需要进行湿度测量和控制。探索提高湿敏电阻的稳定性，对进一步推广陶瓷湿敏元件的应用具有深远的意义。当今世界不确定因素迭起，人类正处于大发展、大变革、大调整时期。作为新时代的中国青年，要胸怀天下，放眼世界，主动肩负起时代赋予我们的神圣使命，积极传承和弘扬民族精神，不断增强业务本领，将"青春梦"与"中国梦""世界梦"紧密相连，力争成为构建人类命运共同体的有生力量。

2. 电容式湿敏元件

湿敏电容一般是用高分子薄膜电容制成的，高分子电容式湿度传感器基本上是一个电容，如图7-18 所示，在高分子薄膜上的电极是很薄的金属微孔蒸发膜，水分子可通过两端的电极被高分子薄膜吸附或释放，随着水分子被吸附或释放，高分子薄膜的介电常数将发生相应的变化。

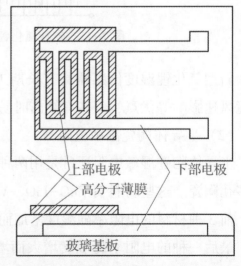

图 7-18　电容式湿度传感器基本结构

介电常数随空气的相对湿度变化而变化，故只要测定电容值就可测得相对湿度。

常用的高分子材料是醋酸纤维素、尼龙、硝酸纤维素、聚苯乙烯、聚酰亚胺、酪酸醋酸纤维等。

高分子湿敏元件的薄膜做得极薄，约 5 000 Å（1 Å = 0.1 nm），使元件易于吸湿与脱湿，减少了滞后误差，响应速度快。

湿敏电容的主要优点是灵敏度高、线性好、重复性好、测量范围宽、产品互换性好、响应速度快、湿度的滞后量小、便于制造、容易实现小型化和集成化；缺点是不宜用于含有机溶媒气体的环境，元件也不耐 80℃ 以上的高温，其精度一般也比湿敏电阻要低一些。它广泛用于气象、仓库、食品、纺织等领域的湿度检测。

四、湿度传感器的应用

1. 监控文物环境的温湿度

古文物之所以历经数百年甚至几千年而保持完好，是由于其深埋于地下时，处在近乎封闭的环境中，其物理的、化学的、生物的变化都停留在某种平衡状。但是随着它的出土，这种平衡性也会遭到破坏。所以文物出土后我们要采取有效措施防止它们逐渐被腐蚀、消耗。文物在博物馆和档案馆中很容易受到空气腐蚀。所以利用温湿度传感器监控文物所在环境的温湿度是很有必要的。

文物博物馆的温度和湿度要求是非常苛刻的，我们必须利用温湿度传感器对温度、湿度进行 24 h 的实时监测，而且这些数据必须及时地传送给监控中心。一旦数值出现超出预设温湿度的上、下限，监测主机就会立即报警，从而文物保护人员就能及时地采取有效措施来确保文物的良好环境。灵活的传感器探头可直接放置于测量点进行使用，无须布线，省时又省力。

文物是古代文明的结晶，对我们了解以前的历史很有作用，所以保护文物非常有必要。温湿度传感器由于具有价格便宜，能够和监控系统相连的优点，故使其在保护文物方面有不可取代的作用。随着温湿度传感器的发展，用于监控文物的温湿度传感器也会大大改进，使其精度更高、体积更小，以及灵敏度更加优越。这样才能更好地监控文物周围的环境。

2. 风道管温湿度传感器

风道管温湿度传感器一般采用原装进口的温湿度传感模块，通过高性能单片机的信号处理，可以输出各种模拟信号，具有广泛的应用，甚至超过一般壁挂式温湿度传感器。

风道管温湿度传感器采用灵活的管道式安装，使用方便，输出标准模拟信号，直接应用于各种控制机构和控制系统。其整机性能更优越，长期稳定性更出色。这种温湿度传感器一般温度范围为 -40℃ ~ 120℃，而湿度范围为 0 ~ 100%RH。风道管温湿度传感器输出信号具有多样性，一般有 4 ~ 20 mA、0 ~ 5 V、0 ~ 10 V 等常见模拟信号，有的还带有数字信号输出，这也是这种传感器使用范围很广的一种原因。风道管温湿度传感器广泛应用于楼宇自动化、气候与暖通信号采集、博物馆和宾馆的气候站、大棚温室以及医药行业等。

3. 粮仓温湿度监控系统

本系统能完成数据采集和处理、显示、串行通信、输出控制信号等多种功能。由数据采集、数据调理、单片机、控制 4 个大的部分组成，粮仓温湿度监控系统的组成框图如图 7–19 所示。该测控系统具有实时采集（检测仓库内的温湿度）、实时处理（对监测到的温湿度值进行比较分析，决定下一步控制进程）、实时控制（根据处理的结果发出控制指令，指挥被控对象动作）的功能。

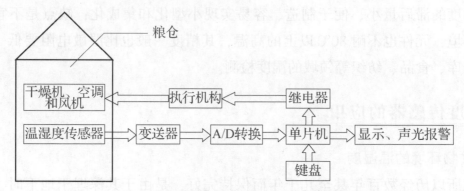

图 7–19　粮仓温湿度监控系统的组成框图

首先充分考虑气候、环境因素对粮食的影响，并根据粮仓内粮食保持正常状态所需的温度和湿度，设计出温湿度参考值并预先存储于单片机中。系统的数据采集部分是将温湿度传感器置于仓库内部，测出仓内的温湿度值，经过放大、A/D 转换为数字量之后送入单片机中，然后显示出温湿度测量值。

单片机将预设的参考值与测量值进行比较，根据比较结果做出判断，经过程序分析处理发送相应指令控制执行机构动作，接通或关闭各种执行机构的继电器，进而控制干燥机、空调和风机等设备，以此来调节仓内温湿度。如此循环不断，使仓内温湿度值与设定值保持一致。

若仓内温湿度值超过允许的误差范围，则系统将发出声光报警，如果有必要，仓管人员还可以根据实际的情况通过键盘或按钮来人工修改单片机内存储的预设值。通过对整个系统的核心部分单片机的设计，达到优化控制温湿度的目标。

粮食含水量不同，电导率也不同。检测粮食含水量是将两根金属探头插入粮食中，粮食含水量越高，电导率越大，两根金属探头间的阻值就越小；反之，阻值就越大。通过检测两根金属探头间阻值的变化，就能测出粮食含水量的大小。粮仓环境洁净，水分检测连续，结合湿度传感器相关知识，这里选用高分子电容湿度传感器作为环境湿度检测传感器。

4. 湿度传感器应用注意事项

（1）电源选择

湿敏电阻必须工作于交流回路中。若用直流供电，则会引起多孔陶瓷表面结构改变，湿敏特性变劣。采用交流电源的频率过高，将由于元件的附加容抗而影响测湿灵敏度和准确性，因此应以不产生正、负离子积聚为原则，使电源频率尽可能低。对离子导电型湿敏元件，电源频率应大于 50 Hz，一般以 1 000 Hz 为宜；对电子导电型湿敏元件，电源频率应低于 50 Hz。

（2）线性化

一般湿敏元件的特性均为非线性，为便于测量，应将其线性化。

（3）温度补偿

通常氧化物半导体陶瓷湿敏电阻温度系数为0.1~0.3，故在测湿精度要求高的情况下必须进行温度补偿。

（4）测湿范围

电阻式湿敏元件在湿度超过95%RH时，湿敏膜因湿润溶解，厚度会发生变化，若反复结露与潮解，则特性变坏而不能复原。电容式传感器在80%RH以上高湿及100%RH以上结露或潮解状态下，也难以检测。另外，切勿将湿敏电容直接浸入水中或长期用于结露状态，也不要用手触摸或用嘴吹其表面。

五、行业应用前景

1. 食品行业

温湿度对于食品储存来说至关重要，温湿度的变化会引起食物变质，引发食品安全问题。温湿度的监控有利于相关人员对食品系统进行及时的控制。

2. 档案管理

纸制品对于温湿度极为敏感，不当地保存会严重降低档案保存年限。利用温湿度传感器组成环境监控系统，配上排风机、除湿器、加热器，即可保持稳定的温湿度，避免虫害、潮湿等问题。

3. 温室大棚

植物的生长对于温湿度要求极为严格，在不当的温湿度下，植物会停止生长，甚至死亡。利用温湿度传感器，配合气体传感器、光照传感器等可组成一个数字化大棚温湿度监控系统，控制农业大棚内的相关参数，从而使大棚的效率达到极致。

4. 动物养殖

各种动物在不同的温度下会表现出不同的生长状态，高质、高产的目标要依靠适宜的环境来保障。

5. 药品储存

根据国家相关要求，药品保存必须按照相应的温湿度进行控制。根据最新的GMP认证，对于一般的药品的温度存储范围为0℃~30℃。

6. 烟草行业

烟草原料在发酵过程中需要控制好温湿度。在现场环境方便的情况下，可利用无线温湿度传感器监控温湿度；在环境复杂的现场内，可利用RS-485等数字量传输的湿度传感器进行检测控制烟包的温湿度，避免发生虫害。

7. 工控行业

湿度传感器在工控行业的应用主要是暖通空调、机房监控等。楼宇中的环境控制通常是温度控制，人们对于用控制湿度达到最佳舒适环境的关注日益增多。

参 考 文 献

[1] 叶廷东，陈耿新，江显群．传感器与检测技术 [M]．北京：清华大学出版社，2016.

[2] 朱晓青．传感器与检测技术 [M]．北京：清华大学出版社，2014.

[3] 胡向东．传感器与检测技术 [M]．2 版．北京：机械工业出版社，2013.

[4] 宋文绪，杨帆．传感器与检测技术 [M]．2 版．北京：高等教育出版社，2009.

[5] 徐科军．传感器与检测技术 [M]．2 版．北京：电子工业出版社，2008.

[6] 邓海龙．传感器与检测技术 [M]．北京：中国纺织出版社，2008.

[7] 叶湘滨，熊飞丽，张文娜．传感器与测试技术 [M]．北京：国防工业出版社，2007.

[8] 周乐挺．传感器与检测技术 [M]．北京：高等教育出版社，2005.

[9] 李晓莹．传感器与测试技术 [M]．北京：高等教育出版社，2004.

[10] 彭军．传感器与检测技术 [M]．西安：西安电子科技大学出版社，2003.

[11] 胡孟谦，张晓娜．传感器与检测技术 [M]．青岛：中国海洋大学出版社，2011.

[12] 王迪．传感器电路制作与调试 [M]．北京：电子工业出版社，2013.